DER HUND
DER HUND
Das Fachmagazin für echte Hundefreunde
ENGAGIERT
• vor Ort
• in der Erziehung
• im Sport
• im Tierschutz
• für die Gesundheit
FÜR SIE UND
IHREN HUND!

Karin Kolbe

Wie Hunde lernen

Karin Kolbe

Wie Hunde lernen

Oertel+Spörer

Bildnachweis
Titelbild und alle Innenteilbilder: Dr. Gabriele Lehari

Haftungsausschluss
Die Hinweise in diesem Buch wurden von der Autorin sorgfältig recherchiert und geprüft. Es können jedoch keinerlei Garantien übernommen werden. Eine Haftung der Autorin bzw. des Verlags und seiner Beauftragten für Personen-, Sach- und Vermögensschäden ist ausgeschlossen.

Bibliografische Information der Deutschen Nationalbibliothek
Die Deutsche Nationalbibliothek verzeichnet diese Publikation in der Deutschen Nationalbibliografie; detaillierte bibliografische Daten sind im Internet über http://dnb.d-nb.de abrufbar.

Postfach 16 42 · 72706 Reutlingen

Lektorat: Dr. Gabriele Lehari
DTP und Repro: raff digital gmbh, Riederich
Druck und Bindung: Oertel+Spörer Druck und Medien-GmbH+Co., Riederich
Printed in Germany
ISBN 978-3-88627-873-2

Inhalt

Wie dieses Buch entstand

Ich bin mittlerweile seit vielen Jahren im Bereich der ehrenamtlichen Rettungshundearbeit und -ausbildung tätig. Beim gegenseitigen Austausch, bei Seminaren, Treffs und auch bei Diskussionen im Internet stelle ich immer wieder fest, dass die Ausbildung bei vielen Rettungshundestaffeln zwar „ganz gut" läuft, aber oft genug sehe ich auch, dass man die Sache in vielen Fällen noch wesentlich problemloser und vor allem effektiver und für alle Beteiligten angenehmer gestalten könnte – wenn man denn genug über die Materie wüsste. So ist die ursprüngliche Idee für dieses Buch entstanden.

Je mehr Angebote es zum Thema Hundeausbildung gibt, umso bunter wird die Landschaft und desto mehr wird polarisiert, zum Teil sogar dogmatisiert. Neue Methoden werden „erfunden" und mehr oder weniger geschickt vermarktet. Allerdings wird dabei oft vergessen, dass alle Hundeausbildenden, egal, wie sie heißen und wie viel Erfahrung sie mit welchen Hunderassen auch haben, immer selbst gezwungen sind, auf die Lerngesetze zurückzugreifen. Klassische und operante Konditionierung liegen nun einmal jedem Training zugrunde. Ein Hundetrainer, der behauptet, Lerngesetze interessieren ihn nicht, ist in etwa zu vergleichen mit einem Ingenieur, der ein Flugzeug bauen möchte, und sagt, das Gesetz der Schwerkraft interessiere ihn nicht, denn er habe da seine eigene Philosophie.

Und genau hier setzt meine Idee ein. Ich wollte ein Buch schreiben, das den aktuellen Stand der Lernforschung bei Hunden verständlich zusammenfasst. Dieses Buch ist nicht als dogmatisches Lehrwerk zu verstehen, sondern als Angebot an alle, die effektives und tierschutzkonformes Training betreiben möchten. Dies spricht nicht nur die Profis im Hundetraining und ehrenamtliche Ausbildende in Vereinen und Rettungshundestaffeln an, sondern auch alle Menschen, die das Verhalten ihres Hundes besser verstehen und sich über Möglichkeiten informieren möchten, ihren Hund artgerecht zu halten und auszubilden.

Mit dem Wissen um den Inhalt dieses Buches sollen Sie, liebe Ausbildende, Hundeführer und -besitzer, die Lerngesetze kennen und optimal in die Praxis umsetzen können. Sie sollen sich klar darüber werden, was während des Trainings geschieht. Dadurch erwerben Sie die Kompetenz, selbst zu entscheiden, ob Sie diese Art des Umgangs mit Ihrem Hund so wollen oder nicht. Sie sollen unabhängig von dogmatischen Lehrmeinungen werden, indem Sie nach der Lektüre dieses Buches in der Lage sind, eine Trainingsanweisung bzw. die ihr übergeordnete Philosophie fachlich korrekt zu beurteilen. Dies gibt Ihnen ein großes Stück mehr Selbstständigkeit im Umgang mit Ihrem Hund.

Durch die Kenntnisse über die Denkweise des Hundes wissen Sie in Zukunft genau, welche Konsequenzen Ihr Handeln für das Training hat. Und schließlich sollen Sie in der Lage sein, sich selbst aktiv in die Planung und Durchführung der Hundeausbildung mit einzubringen. Sie werden über die Trainingsfortschritte staunen und erfahren, dass Sie einen ganz neuen Zugang zu Ihrem vierbeinigen Partner gefunden haben.

Der Inhalt des Buches ist bewusst allgemein formuliert. Da mein Herz aber ganz besonders für die Rettungshundeausbildung schlägt, werden Sie an vielen Stellen auch zusätzliche Hinweise und Informationen finden, die sich ganz speziell auf diese Art der Arbeit mit Hunden beziehen. Diese sehr fachspezifischen Inhalte werden zum besseren Auffinden farblich in Kästen hervorgehoben. Auch zahlreiche Fallbeispiele aus dem ganz normalen Alltag sind zur besseren Übersicht farblich gekennzeichnet.

An dieser Stelle möchte ich Gabrielle Zaugg meinen herzlichen Dank aussprechen. Sie hat mit ihrem profunden Wissen und ihrer kritischen Denkweise entscheidend zum Gelingen des Projekts beigetragen.

Nun geht es aber wirklich los und ich wünsche Ihnen viel Vergnügen beim Entdecken der Möglichkeiten!

Katrin Kolbe

Das Aufbauen einer engen Bindung zum Menschen und das freie Bei-Fuß-Gehen sind Bestandteile der Grundausbildung für jeden Hund, egal ob er als reiner Familienhund gehalten oder als Dienst- und Gebrauchshund eingesetzt wird.

Was soll ein Hund lernen?

Zu Beginn eines Buches über Lernverhalten fragen wir uns: Was braucht ein Hund an Ausbildung, was soll er überhaupt lernen?
Grundsätzlich kommt es hier natürlich ganz stark auf das Umfeld an, in dem der Hund lebt, und auf den Zweck, zu dem er angeschafft wurde. Ein reiner Familienhund wird mit weniger und allgemeinerer Ausbildung besser durchs Leben kommen als ein Dienst-, Gebrauchs- oder Assistenzhund. Aber dies darf natürlich nicht als Entschuldigung für ungezogenes Verhalten angesehen werden! Ich bin der Meinung, dass jeder Hund heutzutage bestimmte Grundregeln beherrschen muss, um in unserer komplizierten westlichen Welt zurechtzukommen. Und es ist unsere Aufgabe, ihm dies beizubringen – und zwar so früh wie möglich, da diese Kompetenzen die Grundlage für jedes weitere Training darstellen. Ansonsten wird einen dieses Versäumnis irgendwann später, wenn man sich schon für weit fortgeschritten hält, einholen. Dann muss man das aktuelle Training unterbrechen, um zunächst einmal die Dinge zu üben, die eigentlich „Kindergarten" sind bzw. hätten sein sollen. Je stabiler das Fundament, desto besser lässt es sich darauf aufbauen.

Abrufbare Verhaltensweisen

Zunächst wären da die Verhaltensweisen zu nennen, die ich bei jedem Hund abrufen können muss, um ihn optimal versorgen zu können. Dazu gehört in erster Linie das **Stillhalten**, während an ihm manipuliert wird, zum Beispiel bei einer tierärztlichen Untersuchung. Zähne, Ohren, Augen und Krallen müssen regelmäßig kontrolliert und eventuell gereinigt oder behandelt werden. Das Zähneputzen oder das Eingeben von Ohrentropfen oder Augensalbe finden die wenigsten Hunde lustig, aber es gehört nun einmal dazu, ebenso wie die Fellpflege bei mittel- und langhaarigen Rassen oder die Fahrt im Auto zur tierärztlichen Praxis. Wurde dies nie außerhalb des „Ernstfalls" trainiert, sprich geübt, bringt das jede Menge zusätzlichen (und unnötigen) Stress für alle Beteiligten, wenn es denn doch mal dringend erforderlich wird.
In diesen Bereich gehört auch das **Tragen eines Maulkorbs**. In vielen öffentlichen Bereichen (vor allem in Bussen und Bahnen) ist es mittlerweile Pflicht, dass Hunde, gleich welcher Rasse, durch einen Maulkorb gesichert sind. Auch während einer tierärztlichen Behandlung kann dies angezeigt sein. Selbst der liebste Hund kann schnappen, wenn er krank oder verletzt ist und Schmerzen hat. Die Menschen, die beruflich damit zu tun haben, wissen das nur zu gut und sind dankbar, wenn dieser Gefahr durch eine einfache Maßnahme Einhalt geboten werden kann.

Eine weitere Trainingsmaßnahme, die den Tierarztbesuch erheblich vereinfachen kann, ist das Einüben einer sogenannten **Stationierung**: Die Bezugsperson des Hundes setzt sich auf einen Stuhl, der Hund steht vor ihr und legt seinen Kopf in ihren Schoß. In dieser Position bleibt der Hund absolut ruhig stehen, sodass Untersuchungen und Medikamentengaben schnell und einfach durchgeführt werden können (sofern es nicht gerade um eine Zahnbehandlung geht). Auf dem Behandlungstisch kann der Hund darauf trainiert werden, seinen Kopf unter die Achsel seines Menschen zu stecken. Damit ergibt sich auch bei kleinen Hunden eine angenehme Position, in der man problemlos arbeiten kann.

Gesellschaftsfähig sein

Zu einem entspannten Zusammenleben mit dem Hund im Alltag gehört auch, dass er sich in unserer normalen Umgebung zu benehmen weiß. In der Wohnung allein zu bleiben, ist für viele Hunde ein Problem, zumindest anfangs. Wir können im Rahmen dieses Buches nicht Schritt für Schritt erklären, wie man das **Alleinbleiben** aufbaut. Dafür gibt es bereits eine Menge sehr guter Bücher und Ratgeber und auch eine gute Hundeschule wird Ihnen hier hilfreich zur Seite stehen. Fest steht nur: Es muss geübt werden. Ebenso wie die Unterscheidung, welche Dinge der Hund anknabbern darf (nämlich seine Kauspielzeuge) und welche nicht (alles andere). **Stubenreinheit** gehört natürlich dazu, ebenso wie ein möglichst neutrales Verhalten in der Öffentlichkeit.
Gerade heutzutage, wo Hunde in der Gesellschaft oft sehr kritisch beobachtet und beurteilt werden, ist es wichtig, dass alle diejenigen, die Hunde halten, führen und ausbilden, **Rücksicht** auf die Allgemeinheit nehmen und dies auch zeigen. Der Hund soll sich fremden Menschen gegenüber neutral verhalten. Er soll Nachbars Katze ebenso in Frieden lassen wie Ball spielende Kinder. Er soll fremde Besucher auf dem Grundstück zwar kurz melden, sie aber sonst unbehelligt passieren lassen.

Für die notwendigen Fahrten mit dem Auto (und manchmal auch für die Wohnung) ist es sinnvoll, den Hund an den Aufenthalt in einer **Box** zu gewöhnen. Im Auto kann er so sicher transportiert werden und falls einmal eine Wartezeit nötig wird, kann man dem Hund ganz einfach Frischluft zukommen lassen, indem man die Autotür oder die Heckklappe offen lässt und der Hund in der geschlossenen Box trotzdem gesichert untergebracht ist. In der Wohnung hat sich eine Box als **Rückzugsort** für den Hund bewährt, besonders wenn er in einem geschäftigen Haushalt lebt, zum Beispiel mit Kindern. Auch wenn Besucher kommen, die Hunde nicht mögen oder gar Angst vor ihnen haben, bietet die Box eine praktische Möglichkeit, den Hund für eine bestimmte Zeit sicher unterzubringen.

Die Ruhezone eignet sich außerdem hervorragend dafür, den Hund über längere Zeit mit einer ruhigen Aktivität zu beschäftigen wie mit einem Kauspielzeug oder einem gefüllten Kong. Auch dies ist etwas, was vor allem junge Hunde unbedingt lernen sollten: Jetzt ist die Zeit, in der sich mein Mensch für eine Weile nicht um mich kümmert – und gleichzeitig kann das wichtige Bedürfnis nach Kauen und Nagen erfüllt werden.
Wenn die Sicherheitszone bzw. der Aufenthalt in ihr trainingstechnisch richtig aufgebaut wurde, wird sie für den Hund sehr stark mit positiven Erlebnissen und Gefühlen verknüpft sein. Dies können wir uns später zunutze machen, um dem Hund eine Zuflucht zu bieten, falls er zum Beispiel Geräuschangst entwickeln sollte. Dieses komplexe Verhaltensproblem tritt leider immer häufiger auf – auch im fortgeschrittenen Alter und auch bei Hunden, die von sich aus nicht sehr ängstlich sind – und die Therapie kann sehr aufwändig sein. Auf jeden Fall hilft es, wenn der Hund vorher (!) schon an einen Ort gewöhnt wurde, an dem er sich besonders wohl und damit besonders sicher fühlt. Zu dieser Prävention gehört auch, bei allen plötzlich auftretenden Geräuschen wie einer Fehlzündung, einer zuschlagenden Tür usw. etwas für den Hund Positives zu tun, wie etwa ein paar Leckerlis auf den Boden zu streuen oder ein Spiel zu beginnen.

Ebenso sollte jeder Hund im Rahmen seiner Grundausbildung ein Signal für **konditionierte Entspannung** kennenlernen. Wozu dies nützlich ist und wie man es aufbaut, wird im entsprechenden Kapitel (siehe Seite 116 ff.) behandelt.

Sozialverhalten

Vergleichen wir nun diese (sicher unvollständige) Liste mit den natürlichen Verhaltensweisen unserer Hunde, wird rasch klar: All das sind Dinge, die wir nicht „ab Werk" von unserem Hund erwarten können, sondern die wir ihm explizit beibringen müssen.
Dazu gehört ein Stück weit auch das Sozialverhalten inner- und außerhalb der eigenen Art. Wir wissen heute, dass Hunden in diesem Bereich erstaunliche Fähigkeiten angeboren sind. Zum Beispiel können sie die Gesten von Menschen wesentlich besser deuten als Menschenaffen, was auf den ersten Blick verblüffen mag. Doch hält man sich vor Augen, dass die Domestikation (das heißt die Haustierwerdung) des Hundes wahrscheinlich genau so abgelaufen ist – nämlich, indem der Mensch genau jene hundlichen Individuen zur Zucht verwendete, die am besten mit ihm zusammenarbeiteten –, wird klar, woher diese besondere Gabe stammt. Mittlerweile wissen wir außerdem eine Menge über das Ausdrucksverhalten von Hunden und dass oft kleinste Veränderungen in Gestik und Mimik

ausreichen, um dem Gegenüber erfolgreich zu signalisieren, was die eigene Absicht ist. Trotzdem gibt es bestimmte Dinge, die Hunde auch in diesem Bereich noch lernen müssen. Respektvolles Verhalten gegenüber fremden und bekannten Artgenossen bei Alltagsbegegnungen und im Spiel gehört ebenso dazu wie der Umgang mit dem „seltsamen“ Wesen Mensch, das sich komisch bewegt, ständig fremde Laute von sich gibt und seine Nase offenbar nur zur Zierde im Gesicht trägt. Diese Fähigkeit des Hundes, sich auf uns „Außerhundliche“ einzulassen, ist erstaunlich und darf nicht zu gering eingeschätzt werden.

Lernen zu lernen

Und last but not least: Der Hund muss lernen zu lernen! Um möglichst optimal auf das spätere Alltagsleben vorbereitet zu sein, benötigt er bestimmte Fertigkeiten, die im Gehirn ebenfalls nicht voreingestellt sind. Er muss im richtigen Alter die richtigen Aufgaben gestellt bekommen, um die entsprechenden Nervenbahnen im Gehirn anzulegen, die er im späteren Leben brauchen wird, um ähnliche Probleme lösen zu können. Dazu gehört die Bewegung auf verschiedenen Untergründen, das Überwinden von Hindernissen, die Bewältigung von kleinen Denkaufgaben und natürlich jede Menge gute, also angenehme Erfahrungen mit allem (!), was die zivilisierte Welt so bietet.

Für Hunde mit bestimmten Aufgaben im Sport- oder Dienstbereich kommen zu den Dingen, die sie lernen müssen, natürlich noch eine große Anzahl anderer Fertigkeiten hinzu. Man denkt hier zum Beispiel an Leinenführigkeit in der korrekten Fußposition, Fußgehen ohne Leine auf der linken oder rechten Seite, Sitz, Voran, Apport, Abliegen, durch den Tunnel, über die Wippe, über verschiedene Untergründe, in verschiedenen Umweltsituationen usw. Diese Verhaltensweisen haben mit normalem Hundeverhalten meist nicht viel gemeinsam und müssen deshalb genauso antrainiert werden wie das Pfotegeben.

Aus diesen Ausführungen ergibt sich, dass die Menge dessen, was unsere Hunde lernen müssen bzw. sollen, sehr groß ist. Im Grunde genommen sind sie ständig mit Lernen beschäftigt, das heißt, sie passen sich dauernd an ihre Umwelt an und nehmen Verhaltensänderungen vor. Wie wir später noch sehen werden, lernen sie sogar im Schlaf. Umso wichtiger ist es, dass wir Menschen uns damit grundlegend auskennen, um diese Lernvorgänge optimal steuern zu können. Dafür müssen wir uns zunächst ansehen, welche Voraussetzungen für Training allgemein gegeben sein müssen.

RETTUNGSHUNDE-SPEZIAL

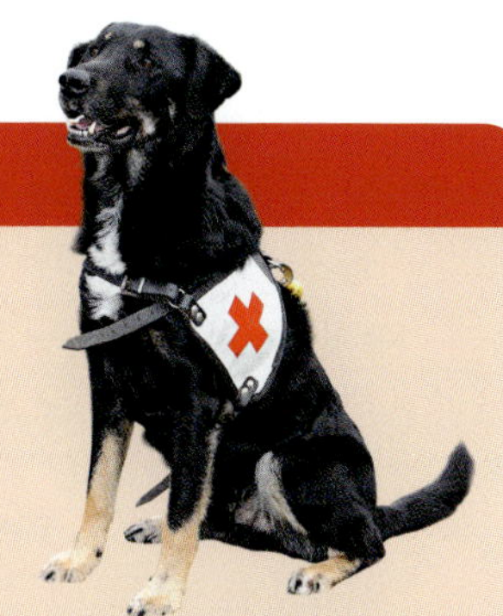

Von Rettungshunden wird zusätzlich zu den genannten Dingen ein besonders hohes Maß an Anpassungsfähigkeit verlangt. Sie sollen auf Signal ganz allein, ohne ihren menschlichen Partner, in unbekanntes Gelände laufen und dort nach wildfremden Personen suchen. Haben sie diese gefunden, sollen sie diesen Fund melden, meist, indem sie bei der Person bleiben und diese laut und anhaltend verbellen. „Unhundlicher" geht es fast gar nicht mehr! Die Anzeige durch Rückverweis (frei oder Bringsel) kommt der Natur des Hundes da noch am ehesten entgegen.

In den Trümmern sollen Hunde sich auf Untergründen bewegen, die sie freiwillig vermutlich niemals betreten würden, weil es einfach unbequem ist und oft auch ein wenig unheimlich wie in dunklen Räumen. Können die Hunde die gesuchte Person nicht direkt erreichen oder nur diffus orten, sollen sie trotzdem an Ort und Stelle bleiben und eine saubere Verbellanzeige ausführen.

Das Mantrailing kommt den natürlichen Verhaltensweisen des Hundes noch am nächsten, da diese Art der Fährtensuche quasi direkt aus dem Jagdverhalten „ausgeliehen" ist. Aber auch hier wird der Hund mit den Anforderungen unserer modernen Welt konfrontiert: Hat er die Spur einmal aufgenommen, soll er sich durch nichts und niemanden mehr davon ablenken lassen – auch dann nicht, wenn die Spur für ihn nur ganz schwach wahrnehmbar ist und dabei noch durch eine belebte Innenstadt führt. Endet die Spur, zum Beispiel weil die gesuchte Person in ein Fahrzeug eingestiegen ist, soll der Hund uns dies ebenfalls anzeigen. Auch das würde in der Natur normalerweise so nicht vorkommen.

Der Lagotto Romagnolo wurde ganz speziell für die Trüffelsuche gezüchtet und ist daher für jede Art Nasenarbeit hervorragend geeignet.

Voraussetzungen für das Training

Bevor wir mit der Ausbildung beginnen, sollten wir uns darüber klar werden, von welcher Ausgangssituation wir überhaupt ausgehen können bzw. müssen. Und zwar gilt dies sowohl für den Hund als auch für den Menschen.

Genetische Veranlagung

Der Hund an sich bringt auf jeden Fall eine bestimmte genetische Veranlagung für das Training mit. Diese besteht bei allen Hunden zum Beispiel aus der Bereitschaft, sich an Menschen anzuschließen und mit ihnen zusammen zu arbeiten. Darin unterscheiden sich Haushunde von Wildtieren. Diese besondere Eigenschaft macht Hunde so einzigartig und zum redensartlichen besten Freund des Menschen und gleichzeitig stellt sie die sogenannte intrinsische, das heißt die von innen kommende **Motivation** (siehe Seite 93 f.) dar.
Die genetische Veranlagung kann sich allerdings von Hund zu Hund erheblich unterscheiden. Dies liegt in der ungeheuer großen Vielfalt der Hunderassen begründet, die (fast) alle ursprünglich einmal für einen bestimmten Verwendungszweck gezüchtet wurden. Jeder, der sich mit diesem Thema ein wenig auskennt, weiß, dass es beispielsweise Hunde gibt, die früher ausschließlich dazu da waren, die Schafherden zu bewachen und sie vor Feinden zu schützen. Es versteht sich von selbst, dass ein solcher Herdenschutzhund mit einer anderen genetischen „Hardware“ ausgestattet sein muss als zum Beispiel ein Laufhund, dessen Aufgabe darin besteht, Wildfährten aufzuspüren, zu verfolgen und dem Jäger das Wild zuzutreiben.
Im Lauf der Jahrhunderte oder sogar Jahrtausende ergaben sich so zum Teil ganz erstaunliche Spezialisierungen. Beispielsweise gibt es eine Hunderasse, die züchterisch ausschließlich darauf selektiert wurde, die im Boden wachsenden Trüffelpilze aufzuspüren und auszugraben, nämlich der Lagotto Romagnolo. Andere Jagdhunderassen wiederum sind ausschließlich dafür gezüchtet, Federwild aufzustöbern und nach dem Schuss zu apportieren oder, in einem anderen Fall, die Fährte des krank geschossenen Wildes aufzunehmen und zu verfolgen. Im Hütebereich gibt es Hunde, die besonders für Rindertreiben geeignet sind. Und manche Hunde waren von Beginn an ausschließlich dafür da, ihren Besitzern einfach Gesellschaft zu leisten und/oder ihnen nachts das Bett warm zu halten.

Natürlich gibt es nicht nur zwischen den Rassen Unterschiede, sondern auch zwischen den einzelnen Individuen. Da die wenigsten Haushunde heutzutage noch für ihren ursprünglichen Verwendungszweck gehalten werden, sondern in

der überwiegenden Mehrzahl der Fälle sogenannte Familienhunde sein sollen, ist man im Laufe der Zeit bei manchen Rassen dazu übergegangen, eine züchterische Trennung zwischen verschiedenen Blutlinien vorzunehmen.
Die sogenannten **Showlinien** sollen in der Regel (!) nur noch relativ wenig der ursprünglich angezüchteten Verhaltensweisen besitzen und werden daher oft als reine **Familienhunde** angeschafft. In vielen Fällen klappt das auch, aber eine Garantie für ein stressfreies Leben mit solch einem Hund gibt es natürlich nicht. Oft genug verzweifeln Besitzer am Hüteverhalten ihrer Border Collies oder am Jagdverhalten ihrer Weimaraner – dabei nennen sie weder eine Schafherde noch ein Revier ihr eigen und hatten auch nichts dergleichen geplant.
Im Gegensatz dazu gibt es die sogenannten **Arbeitslinien**. Die Züchter dieser Hunde wählen ihre Zuchttiere ganz gezielt nach Eignung für die Arbeit aus und geben die Welpen in aller Regel auch nur an entsprechende Interessenten ab.
Auch bei Rassen, die nicht in Show- und Arbeitslinien unterteilt werden, gibt es natürlich individuelle Unterschiede in der Ausprägung der rassetypischen Verhaltensweisen. Wie man in fast jeder Schulklasse einige wenige gut begabte und auch leistungsbereite Kinder findet, zusammen mit einem breiten Mittelfeld und ein paar „Schlusslichtern", besteht auch ein Wurf Welpen aus lauter Individuen, deren genetische Grundausstattung ganz unterschiedlich sein kann. Das ist eine Frage der Wahrscheinlichkeitsrechnung.

In der modernen Rassehundezucht zeigt sich leider oft das Problem, dass viele Züchter mehr Wert auf äußere Erscheinung ihrer Zuchttiere legen als auf die wesensmäßige Ausstattung. Durch das vorherrschende Bewertungssystem auf Ausstellungen wird dies noch gefördert: Nur die schönsten Hunde, das heißt diejenigen, die dem rein äußerlichen Ideal, dem sogenannten Standard, am ehesten entsprechen, gewinnen die begehrten Preise. Und oft sind es innerhalb einer Rasse nur ein paar ganz wenige Individuen, die auf mehreren Ausstellungen Auszeichnungen erringen und die folglich als Zuchttiere besonders gefragt sind. Denn welche Zuchtstätte möchte keinen Schönheits-Champion in den Ahnentafeln ihrer Welpen haben? Leider wird dabei allzu oft übersehen – zum Teil sogar absichtlich –, dass genau diese Verarmung im Erbgut zu gesundheitlichen Problemen führen kann.
Die sogenannte **Linienzucht**, also die gezielte Herauszüchtung eines bestimmten Merkmals wie Kopfform oder Fellfarbe, fördert die Inzucht und die Schwierigkeiten sind vorprogrammiert. Besonders bei Rassen, die nicht so häufig sind und die demnach sowieso nur über relativ wenig differenziertes Genmaterial (geringer Genpool) verfügen, ist dies fatal. Man tut als zukünftiger Hundebesitzer also gut daran, sich vor der Anschaffung sehr genau zu überlegen, was man mit dem Hund später einmal machen möchte, und dem Züchter auch dementsprechend

Diese Bloodhound-Hündin ist das jüngste Rudelmitglied der Autorin und der geborene Mantrailer.

„auf den Zahn zu fühlen“. Dies bedeutet unter Umständen auch, auf die Anschaffung einer bestimmten Rasse zu verzichten, wenn sich herausstellt, dass man dem Hund nicht das Arbeitsumfeld bieten kann, das er von seiner genetischen Ausstattung her benötigt.
Ein Hund aus reinen Arbeitslinien wird mit einem Dasein „nur“ als Spaziergangbegleiter niemals glücklich sein und die Gefahr, dass sich problematische Verhaltensweisen entwickeln, ist hoch. Natürlich gibt es auch hier Ausnahmen. Ein verantwortungsvoller Züchter einer Arbeitsrasse wird erkennen, wenn sich einer seiner Welpen nicht für die vorgesehene Aufgabe eignet und wird ihn entweder selbst behalten oder eben einen geeigneten Platz für ihn suchen, an dem auch dieser Hund seinen Talenten entsprechend ausgelastet werden kann.

Die richtige Prägung

Doch zurück zum Thema Training. Die Umstände, unter denen die **Welpen** aufwachsen, sind ebenso wichtig wie die genetische Ausstattung. Denn nur in einer anregenden **Umwelt** können sich die Anlagen optimal entfalten. Dazu gehört, dass die jungen Hunde möglichst früh systematisch mit verschiedensten **Reizen** aller Art konfrontiert werden. Zu nennen wären hier beispielsweise verschiedene Untergründe, über die die Welpen spielerisch laufen. Durch den Aufbau kleiner Hindernisse werden Konzentration und Koordination und somit das Gefühl für den eigenen Körper geschult und es können hier bereits Grundlagen für den gezielten Muskelaufbau gelegt werden. Der Kontakt mit Wasser gehört ebenfalls unbedingt dazu, ebenso wie die verschiedensten Gegenstände, die immer wieder mal „rein zufällig“ im Welpenauslauf herumliegen und welche die Welpen spielerisch erkunden.

Dann ist in diesem Zusammenhang der **Kontakt** zu möglichst vielen verschiedenen Menschen beiderlei Geschlechts zu nennen. Kinder, Jugendliche, Erwachsene, ältere Menschen mit Gehhilfen, Rollstuhlfahrer oder Menschen mit geistiger Behinderung, Träger von Rucksäcken, Regenmänteln, Sonnenbrillen und Hüten – die Welpen sollten unbedingt Gelegenheit haben, all diese Menschen kennenzulernen. Kontakt zu anderen Tieren ist ebenso wichtig wie die Konfrontation mit allen möglichen Geräuschen und anderen Sinneseindrücken. Je nach dem später vorgesehenem Einsatzgebiet wird die Zuchtstätte sich auch darum kümmern, die Welpen spielerisch an ihre zukünftigen Aufgaben heranzuführen. Im jagdlichen Bereich wäre das zum Beispiel die Konfrontation mit verschiedenen Wildarten und deren Gerüchen und für Diensthunde, die im Schutzbereich eingesetzt werden sollen, können bereits in dieser Zeit die ersten Beutespiele stattfinden.

Man könnte diese Liste endlos fortsetzen und mittlerweile gibt es hervorragende Literatur zum Thema Welpenaufzucht, sodass wir hier nicht ins Detail zu gehen brauchen. Jedoch soll hier noch einmal klar hervorgehoben werden, dass die Umgebungsbedingungen, unter denen ein Welpe aufwächst, ganz entscheidenden Einfluss auf sein Verhalten haben – man denke nur an die wichtige **Prägephase**. Die Lernerfahrungen, die ein Hund in den ersten Wochen seines Lebens macht, sind prägend für das ganze weitere Leben. Daher ist es neben den oben genannten Dingen mindestens genauso wichtig, dass die Welpen auch lernen, Probleme selbstständig zu lösen, wie zum Beispiel ein Hindernis zu überwinden.

Fachwissen und Menschenverstand

Vom Menschen, der vor der Aufgabe steht, die richtige Zuchtstätte und am Ende auch den für die eigenen Bedürfnisse passenden Welpen auszusuchen, ist auch hier letzten Endes wieder viel Fachwissen und ebenso viel gesunder Menschenverstand gefragt. Auch wenn die Kleinen noch so goldig sind, sollte man in diesen Dingen den Kopf entscheiden lassen und nicht das Herz oder den Bauch. Schließlich geht es um die Grundlagen einer Partnerschaft, die ein ganzes Hundeleben lang halten soll.

Doch auch der Mensch sollte sich vor Beginn des Trainings kritisch hinterfragen und sich idealerweise auch während des Trainingsprozesses immer wieder selbst den Spiegel vorhalten. Bin ich meinem Hund ein guter Trainer? Bin ich in der Lage, mir Dinge selbst zu erarbeiten und mir durch Lektüre von Büchern und Besuch von Hundeschule und Seminaren das nötige Fachwissen anzueignen und ständig aktuell zu halten? Kann ich das Gelesene und Gelernte dann auch in die Tat umsetzen? Bin ich in der Lage, selbstkritisch zu sein, falls etwas nicht klappt?

Wenn in der Hundeausbildung etwas nicht funktioniert, ist das Training schlecht und nicht der Hund! Als Trainer muss ich in der Lage sein, mein eigenes Handeln nicht nur zu evaluieren, sondern es auch bewusst und aktiv zu verändern, wenn dies nötig ist. Und die vielleicht wichtigste Fähigkeit: Ich muss Verantwortung für mich selbst und für mein Handeln bzw. dessen Konsequenzen übernehmen können. Dies ist beim Hundetraining besonders wichtig, da ich in diesem Fall nicht nur für mich selbst, sondern auch für ein anderes Lebewesen verantwortlich bin, das mir auf Gedeih und Verderb ausgeliefert ist und dessen Wohlergehen das oberste Ziel jeden Trainings sein muss.

Ob ein Hund wirklich sein Spiegelbild erkennt, ist nicht erwiesen, aber das sogenannte Spiegeln, also das Übernehmen bestimmter Verhaltensweisen von Artgenossen oder vom Menschen, spielt bei der Kommunikation und beim Lernen eine wichtige Rolle.

Wie funktioniert Lernen?

Grundsätzlich versteht man unter **Lernen** den Zuwachs von Wissen und Können, oder laut Meyers Taschenlexikon den *„Erwerb, die Aneignung von Kenntnissen und Fähigkeiten, die Änderung von Denken, Einstellungen und Verhaltensweisen aufgrund von Einsicht oder Erfahrung."* Ein wichtiges Merkmal, an dem man erkennen kann, dass tatsächlich ein Lernprozess stattgefunden hat, besteht also darin zu beurteilen, ob tatsächlich eine dauerhafte (!) Verhaltensänderung eingetreten ist. Dies muss man sich besonders dann vor Augen halten, wenn es um die Planung des Trainings geht. Oft fallen dem Hund die ersten Schritte leicht und man lässt sich dazu verleiten, zu rasch vorzugehen. Gibt es dann im fortgeschrittenen Stadium Schwierigkeiten, stellt man bei näherem Hinsehen fest, dass der Hund nicht einmal die Basics, also die Grundlagen, sicher beherrscht, dass also am Anfang gar kein wirklicher Lernprozess stattgefunden hat.

Lernen bedeutet außerdem eine ständige **Anpassung** an die Umwelt, um darin sinnvoll agieren zu können und die Umwelt eventuell im eigenen Interesse zu verändern, wie beispielsweise sich eine Belohnung zu verdienen oder auch ein lustiges Spiel zu beginnen. Hunde sind von Natur aus extrem gut darin, ihre Umwelt ständig zu beobachten und kleinste Veränderungen darin wahrzunehmen. Dies liegt in ihrer Genetik als soziale Beutegreifer begründet. Jede Veränderung in der Umwelt könnte entweder das Auftauchen eines Feindes oder eines potenziellen Beutetiers bedeuten.

FALLBEISPIEL

Wir Menschen tendieren in dieser Hinsicht dazu, die Hunde gnadenlos zu unterschätzen. Meine Hunde hatten zum Beispiel früher die Angewohnheit, freudig zur Tür zu laufen, wenn sie mein Nachhausekommen wahrnahmen. Interessanterweise taten sie dies immer bereits etwa eine halbe Minute, bevor mein Auto vor dem Haus vorfuhr. Einige Zeit rätselten wir, wie sie dieses Ereignis trotzdem „voraussehen" konnten, bis ein warmer Tag das Geheimnis lüftete: Das Fenster stand offen und von der Kreuzung oben an der Hauptstraße war ganz leise das typische Quietschen zu vernehmen, das mein Auto immer dann von sich gab, wenn das Kupplungspedal durchgetreten wurde. Die Hunde nahmen dieses Geräusch mit ihren feinen Ohren auch durch das geschlossene Fenster wahr und hatten es mit dem freudigen Ereignis meiner Rückkehr verknüpft.

Die Ergebnisse der Lernprozesse, die im Hundehirn gespeichert werden, beruhen also auf einem ständigen Abgleich neuer Sinneseindrücke mit dem bereits früher Gelernten – oder wie Dorothee Schneider schreibt: *„Lernen ist eine Ansammlung von Erfahrungswerten."*

Ist diese Situation bekannt, ja oder nein? Wenn ja: Wie wurde diese oder eine sehr ähnliche Situation in der Vergangenheit empfunden? Mit welchen Gefühlen ist die Erinnerung verknüpft? Ergeben sich daraus Vorgaben für ein bestimmtes Verhalten? Wenn ja, für welches? Welche Konsequenz erfolgte in der Vergangenheit auf dieses oder ein ähnliches Verhalten? War die Konsequenz angenehm oder unangenehm? In blitzschneller Abfolge werden all diese Fragen unbewusst beantwortet und so das Verhalten gesteuert – je nachdem, wie die Antworten ausfallen.

Neurophysiologische Vorgänge

Wie bereits im vorherigen Abschnitt angedeutet, geschieht Lernen im Gehirn durch Verarbeitung und Speicherung von Sinneseindrücken bzw. durch die Bildung von **Assoziationen**, also von **Verknüpfungen** von **Nervenzellen** untereinander. Sobald die Aktivität zweier Nervenzellen zeitlich zusammenfällt (und das vielleicht sogar mehrmals hintereinander), entsteht eine Verknüpfung dieser beiden Zellen miteinander. Man sagt: *„Neurons wire together if they fire together"* – wenn Nervenzellen gleichzeitig feuern, verdrahten sie sich miteinander.

FALLBEISPIEL

Ein Welpe wird draußen auf die Wiese gesetzt und entleert dort spontan seine Blase. Während er dies tut, wird er gelobt und direkt im Anschluss gibt es ein Leckerchen. Seine Sinneszellen nehmen die für die Situation typischen Geräusche, Gerüche und visuellen Eindrücke wahr und formen daraus in ihrer Gesamtheit die Information „draußen". Diese Information wird durch die Zeitgleichheit mit lauter angenehmen Wahrnehmungen verknüpft: Der Druck auf die Blase lässt nach, der Mensch spricht in freundlichem Tonfall mit dem Welpen und das Futter schmeckt gut. Die Erfahrung, die sich nach einigen Wiederholungen dieses Vorgangs im Hundehirn formt, lautet also:
Draußen + Pinkeln = Angenehm
Und schon hat der Welpe seinen ersten Lernschritt zur Stubenreinheit erfolgreich gemeistert.

Der Ausdruck „Feuern" ist dabei gar nicht so weit hergeholt, denn sobald eine Nervenzelle aktiviert wird, zum Beispiel durch eine Sinneswahrnehmung, erfolgt die Weiterleitung dieser Information innerhalb der Nervenzelle durch elektrische Impulse. Ist ein elektrischer Impuls am Ende der Nervenzelle angekommen, werden durch ihn bestimmte Botenstoffe, sogenannte **Neurotransmitter**, aktiviert. Sie verlassen die Nervenzelle, durchqueren den **synaptischen Spalt** (das ist der Zwischenraum zwischen zwei Nervenzellen) und docken an der nächsten Nervenzelle wieder an. Die Information der ankommenden Neurotransmitter werden, je nach deren Art und Anzahl, wieder in elektrische Impulse umgewandelt und so in der zweiten Nervenzelle weitertransportiert und die beiden Zellen verknüpfen sich so miteinander.

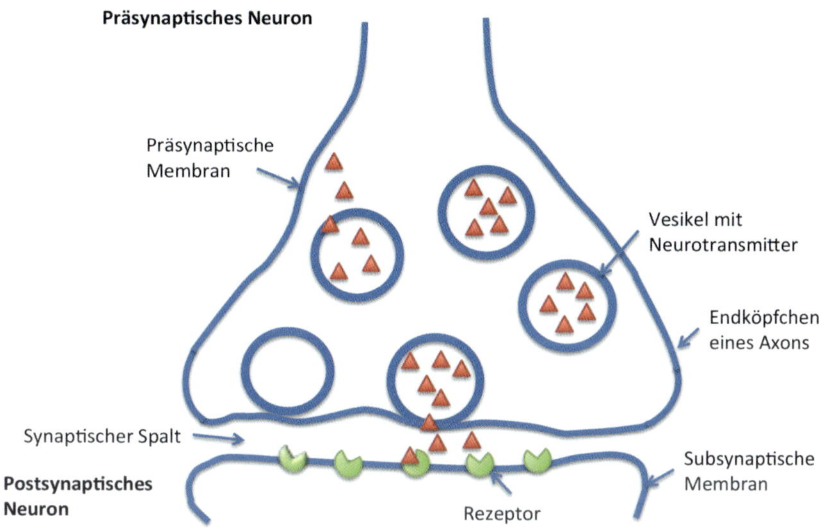

Die Reizübertragung von Nervenzelle zu Nervenzelle ist ein äußerst komplexer Vorgang, der sich ständig in kürzester Zeit in den Nervenbahnen abspielt, wenn irgendwelche Signale wie zum Beispiel Sinneseindrücke wahrgenommen werden. In dieser Grafik ist sehr vereinfacht dargestellt, wie ein Impuls von einer Nervenzelle in die andere übertragen wird. Als präsynaptisches Neuron wird die Zelle bezeichnet, von der die elektrischen Impulse an die nächste Zelle, das sogenannte postsynaptische Neuron, weitergegeben werden. Das Ende dieser Nervenzelle wird Axon genannt. Die Übertragung erfolgt dann durch chemische Botenstoffe, die Neurotransmitter, welche in der Nervenzelle in Vesikeln auf Vorrat angelegt werden. Erfolgt ein Impuls, wird durch einen chemischen Vorgang die Zellmembran kurz geöffnet, sodass diese Botenstoffe innerhalb von Millisekunden in den synaptischen Spalt abgegeben werden. Sie docken sich bei der nächsten Zelle an den passenden Rezeptoren an, wodurch das Signal dort wieder in einen elektrischen Impuls umgewandelt wird.

Um das Verhalten allerdings wirklich dauerhaft zu etablieren – denn nur dann können wir per definitionem von Lernen sprechen – müssen wir diese Verknüpfung mehrmals wiederholen, damit die Verbindung zwischen den Nervenzellen wirklich stabil ist. Je öfter wir es schaffen, diese drei Eindrücke „draußen", „pinkeln" und „angenehm" zeitlich zusammenfallen zu lassen, desto stärker wird die Verknüpfung und idealerweise hält sie bei unserem Beispiel Stubenreinheit ein ganzes Hundeleben lang.
Martin Pietralla hat dies sehr schön am Beispiel einer Wiese illustriert, über die ein Mensch geht. Das Gras wird niedergedrückt, aber wenn danach lange Zeit niemand mehr die Wiese betritt, wird das Gras sich wieder aufstellen und bald ist von den Fußabdrücken nichts mehr zu sehen. Geht dieser Mensch allerdings in regelmäßigen Wiederholungen über die Wiese, etwa zweimal täglich, wird mit der Zeit ein Pfad entstehen, der auch dann noch zu sehen ist, wenn er einmal ein paar Tage lang nicht betreten wird.
Mit den Verbindungen zwischen den Nervenzellen ist es ganz ähnlich. Eine einmalige Verknüpfung wird nicht lange halten. Wird sie jedoch regelmäßig aufgefrischt, findet tatsächlich eine dauerhafte Verbindung der Nervenzellen untereinander statt. „*Repetitio est mater studiorum*", sagt der Lateiner – die Wiederholung ist die Mutter des Lernens. Im alltäglichen Sprachgebrauch nennen wir dies Üben.

Auch die Dauer und die Intensität der Eindrücke beeinflussen den Lernprozess. Dies werden wir in den Kapiteln über die Bestärker noch näher betrachten. Jeder kennt aber die Beispiele von Hunden, die nach einem einmaligen Erlebnis mit einer umstürzenden Mülltonne (um die sich die Roll-Leine gewickelt hatte) in Zukunft große Angst vor Mülltonnen zeigten – und das, obwohl sie zuvor Mülltonnen als zwar seltsame, aber ungefährliche Gegenstände kennengelernt hatten.

Sensible Phasen

In bestimmten **Entwicklungsphasen** des jungen Hundes funktioniert das Lernen besonders gut.
Zum einen wäre beim Welpen die sogenannte **Sozialisierungsphase** zu nennen. Sie beginnt etwa mit der 4. und endet ungefähr mit der 12. bis 18. Lebenswoche. Man weiß heute, dass es hier große Unterschiede zwischen den Rassen und den einzelnen Individuen gibt. Auch die verschiedenen Bereiche der Sozialisation werden in verschiedenen Zeitphasen „abgearbeitet".
Die Welpen beginnen in dieser Zeit, sich aktiv mit ihrer Umwelt auseinanderzusetzen. Sie unterscheiden erstmals zwischen Bekanntem und Unbekanntem, zwischen Gewohntem und Ungewohntem. Sie entwickeln grundlegende Verhal-

tensweisen wie das Spiel. Sie nehmen alle Reize, welche die belebte und die unbelebte Umwelt bieten, quasi ungefiltert auf und verankern diese Erfahrungen in ihrem Gehirn, das in dieser Phase besonders offen für Lernerfahrungen ist.
Es ist daher unerlässlich, den jungen Hund in dieser Zeit mit möglichst vielen positiven Eindrücken zu „versorgen". Die Erfahrungen, die der Welpe in dieser Phase macht, sind zum Teil unauslöschlich und ihre Eindrücke wirken ein Hundeleben lang nach. Daher ist es von größter Wichtigkeit, dass die Arbeit mit möglichst vielen Umweltreizen schon beim Züchter beginnt, denn am Anfang der Sozialisierungsphase sind die Welpen ja noch mit Mutter und Geschwistern zusammen. Auch das einschneidende Erlebnis des Umzugs zu den neuen Besitzern fällt üblicherweise in diesen Lebensabschnitt und muss daher von allen Seiten besonders sorgfältig vorbereitet werden.

Mittlerweile hat es sich zwar herumgesprochen, dass die jungen Hunde in dieser Zeit besonders lernfähig sind. Trotzdem muss vor einer Überforderung dringend gewarnt werden! So wie der Welpe neue Eindrücke und Lernerfahrungen braucht, braucht er aber auch Zeit, um diese in aller **Ruhe** zu verarbeiten. Denken wir daran: Die kleinen Kerle sind noch Babys und müssen viel schlafen. Dies ist nötig, um die – hoffentlich positiven – Lerneindrücke optimal verarbeiten und im Gehirn verankern zu können. Es ist also unangebracht, den Welpen durch einen „Sozialisierungsmarathon" zu schleppen und dann zu denken, man könnte sich nach dem Ende dieser anstrengenden Phase entspannt zurücklehnen. Viel besser ist es, den jungen Hund wohlüberlegt und geplant möglichst vielen positiven Eindrücken auszusetzen – aber immer nur relativ kurz und mit anschließend ausreichender Gelegenheit zum Ausgleich in Ruhe.
Übrigens: Auch erwachsene Hunde brauchen diese Ruhephasen unbedingt. Mehr zum Thema latentes Lernen später.

Die Sozialisierungsphase beim Hund wird manchmal auch **Prägephase** genannt. Bei Prägung handelt es sich um eine spezielle Form des Lernens, denn sie findet ohne den Einfluss von Belohnung oder Bestrafung statt. Sie passiert einfach. Während der Prägephase werden die Reize sozusagen automatisch im Gehirn gespeichert.

Prägung kann per definitionem nur in einer bestimmten Phase des Lebens stattfinden. Beim Hund ist dies die 4. bis 8. Lebenswoche. Dinge, die in der Prägephase versäumt wurden, können tatsächlich nicht nachgeholt werden. Die Prägung als solche ist unwiderruflich – man denke an das berühmte Beispiel von Konrad Lorenz und seinen Graugänsen. Das in dieser Phase Gelernte wird besonders schnell und effektiv gespeichert und auf Lebenszeit beibehalten.

Die **zweite sensible Phase** durchläuft der Welpe während der **Pubertät** – sie ist aber zeitlich und inhaltlich nicht mit dieser gleichzusetzen – und zwar etwa im Alter zwischen sechs und neun Monaten. Während dieser Zeit werden Lerninhalte und Muster, die der Hund bereits im Gehirn gespeichert hatte, nochmals überprüft und nötigenfalls angepasst oder stabilisiert. Im Alltag erkennt man dies daran, dass selbst gelassene Junghunde in dieser Phase plötzlich wieder ängstlich werden oder empfindlich auf Dinge reagieren können, die sie im Welpenalter bereits als bekannt und ungefährlich kennengelernt hatten. Auch scheinen die Hunde bestimmte antrainierte Dinge, wie zum Beispiel die Elemente des Grundgehorsams, plötzlich total vergessen zu haben. Die meist zeitgleich einsetzende **Geschlechtsreife** mit ihren Achterbahn fahrenden Hormonen macht die Sache nicht besser.
Das Lernen kann in dieser Zeit stark erschwert sein und man muss sich im Training auf Rückschritte einstellen. Das ist völlig normal, denn der Junghund ist einfach mit anderen Dingen zu sehr beschäftigt. Hier gilt es, als Besitzer Ruhe zu bewahren, die Anforderungen im Training gegebenenfalls etwas herunterzuschrauben und dem Hund in allererster Linie Sicherheit zu geben. Denn in dieser Phase des Umbaus benötigt der Hund vor allem stabile Strukturen, an denen er sich orientieren und nötigenfalls sein Verhalten neu ausrichten kann.
Die gute Nachricht ist: Wie die Pubertät bei jungen Menschen geht auch beim Hund diese Zeit, die für alle Beteiligten sehr anstrengend sein kann, irgendwann vorbei.

Lebenslanges Lernen

Durch all diese Eindrücke und Sinneswahrnehmungen, die miteinander verknüpft werden, entstehen mit zunehmendem Alter bzw. mit zunehmender Erfahrung regelrechte Netzwerke im Gehirn. Die Bildung neuer Verknüpfungen wird dadurch wiederum erleichtert, das Gehirn ist dann quasi schon geübt darin. Man sieht: Auch das Lernen selbst kann gelernt werden. Und zwar funktioniert dies bei Mensch und Hund bis ins hohe Alter.
Diese Formbarkeit des Gehirns bezeichnet man auch als **Neuroplastizität**. Andererseits werden die Verbindungen zwischen den Nervenzellen auch wieder schwächer, wenn sie längere Zeit nicht aktiviert wurden. Wir Menschen nennen dies Vergessen. Dinge, die wir nicht mehr ständig brauchen, wie beispielsweise Französisch-Vokabeln oder Physik-Formeln aus längst vergangenen Schulzeiten, sind uns zwar nicht mehr direkt präsent, aber wir wissen, dass sie irgendwo in den Tiefen unseres Gedächtnisses noch vorhanden sind und wir können sie mit etwas Mühe wieder hervorholen und reaktivieren, wenn es denn nötig wird. Und

mit etwas Übung funktioniert die Unterhaltung in der Fremdsprache mit der Urlaubsbekanntschaft dann doch erstaunlich gut – wenn man bedenkt, dass man die Sprache vorher jahre- oder sogar jahrzehntelang nicht gesprochen hatte. Die Verknüpfungen zwischen den Nervenzellen müssen nur eben ein bisschen „aufpoliert" werden.

Lernen funktioniert übrigens am besten in einer entspannten Atmosphäre. Wir alle wissen, dass Stress jeder Art den Lernprozess behindern oder sogar total blockieren kann. Dies hier auszuführen, würde den Rahmen des Buches sprengen und daher sei auch an dieser Stelle auf die Literaturliste verwiesen.

Das Prinzip der klassischen Konditionierung

Wie wir gesehen haben, lernen Hunde also durch Verknüpfung. (Bei anderen Säugetieren, wie zum Beispiel dem Menschen, funktioniert es übrigens genauso.) Daraus ergeben sich zweierlei Vorgänge im Hundehirn, die wir kennen sollten, wenn wir uns mit Hundeausbildung beschäftigen.
Das eine ist die sogenannte **klassische Konditionierung**. Sie besagt ganz einfach, dass zwei Reize durch zeitlichen Zusammenfall miteinander verknüpft werden. Entdeckt wurde dieses Prinzip durch den russischen Forscher Ivan Pawlow. Er hielt in einem Versuchslabor Hunde, die von seinen studentischen Hilfskräften gefüttert wurden. Das Futter löste bei den Hunden den Reflex des Speichelflusses aus. Nun ergab es sich eher zufällig, dass jedes Mal, unmittelbar bevor der Student mit dem Futter den Raum betrat, eine Glocke ertönte. Nach einigen Wiederholungen entdeckte man, dass die Hunde schon allein beim Glockenton zu speicheln begannen, obwohl der Student mit dem Futter selbst noch gar nicht im Raum war. Die Hunde hatten die Glocke mittels klassischer Konditionierung mit dem Futter verknüpft.

Lange Zeit glaubte man, dass die klassische Konditionierung im modernen Tiertraining keine nennenswerte Rolle spielt. Bei näherem Hinsehen jedoch sind viele Vorgänge und Abläufe sehr wohl mit diesem Prinzip gekoppelt, wie wir später noch sehen werden. Für das praktische Training ist aber vordergründig etwas anderes viel wichtiger, nämlich das Lernen an Versuch und Irrtum. Der wissenschaftliche Ausdruck dafür lautet: **operante Konditionierung**.

Die vier Quadranten der Umweltantworten

Das Lernen durch Verknüpfung ist eine relativ mechanische Angelegenheit und ermöglicht uns, mit einer Reihe von Mythen und Ammenmärchen aufzuräumen,

die über lange Zeit hinweg die Hundeausbildung bestimmt haben. Wir wissen heute: Hunde haben keine Vorstellung von Moral, von Gut oder Böse, von Richtig oder Falsch im ethischen Sinne. Sie unterscheiden rein nach den Empfindungen **angenehm** oder **unangenehm**. Nach diesen Wahrnehmungen teilen sie ihre Umwelt ein – und auch die **Konsequenzen**, mit denen die Umwelt auf ihr Verhalten antwortet.
Daraus ergeben sich vier Quadranten der Umweltantworten, nach denen Hunde diese Konsequenzen kategorisieren. Wir Menschen tun gut daran, uns diese Sichtweise ebenfalls anzueignen, denn nur so ist effektive und zugleich artgerechte Hundeausbildung möglich.

Ein Satz vorweg: Die in diesem Zusammenhang gebrauchten Begriffe „positiv" und „negativ" sind hier nicht mit unseren üblichen Maßstäben „gut" oder „schlecht" gleichzusetzen. Sie müssen vielmehr im mathematischen Sinne gebraucht werden. Positiv, also Plus, bedeutet, dass etwas hinzugefügt wird. Negativ, also Minus, bedeutet, dass etwas abgezogen oder weggenommen wird.

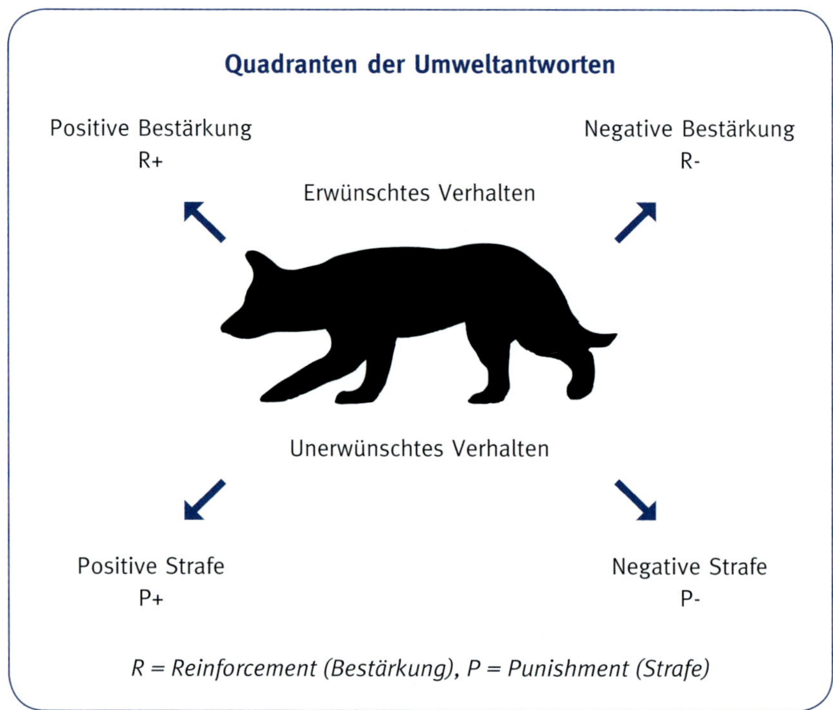

RETTUNGSHUNDE-SPEZIAL

Im Rettungshundebereich bestärken wir das gewünschte Anzeigeverhalten, zum Beispiel das Verbellen, positiv, indem wir dem Hund etwas geben, das er mag – sei es Futter, Spiel, Lob oder einen anderen Bestärker.

Hat ein Verhalten des Hundes eine für ihn angenehme Konsequenz, wird er dieses Verhalten in Zukunft öfter zeigen. Wir sprechen von **Bestärkung** (engl.: Reinforcement; Abkürzung R). Es gibt zwei Möglichkeiten, Bestärkung zu erreichen: Entweder wir fügen etwas Angenehmes hinzu **(positive Bestärkung, R+)** oder wir nehmen etwas Unangenehmes weg **(negative Bestärkung, R-)**. Ein Beispiel für positive Bestärkung könnte sein, dass der Hund zu seinem Menschen läuft und dort etwas Futter bekommt oder mit ihm gespielt wird. Der Hund verknüpft das Zum-Menschen-Laufen mit der angenehmen Konsequenz Futter oder Spiel und wird das Verhalten in Zukunft öfter zeigen.
Negative Bestärkung kommt zum Beispiel zum Zug, wenn der Hund eine fremde Person verbellt, die sich dem Grundstück nähert. Tausende von Hunden verfahren täglich nach diesem Schema: Wenn die Post ausgetragen wird, melden sie die Ankunft des Briefträgers durch Bellen und warnen ihn gleichzeitig, nicht näher zu kommen, denn sonst müssten sie mit der aktiven Revierverteidigung beginnen. Der Briefträger macht seine Arbeit, indem er die Post in den Kasten steckt und sich wieder entfernt. Der Hund verknüpft das Weggehen des vermeintlichen Eindringlings (was für ihn angenehm ist, denn das Gefühl der Bedrohung nimmt ab, er fühlt sich also wieder sicher) mit seinem Bellen und wird in Zukunft immer bellen, sobald sich eine fremde Person dem Grundstück nähert. Das Bellen wurde bestärkt. Der Hund weiß ja nicht, dass der Briefträger sowieso nicht näher kommen wollte und gleich wieder gegangen wäre.

Ein anderes Beispiel lässt sich gut im Alltagstraining veranschaulichen: Wollen wir dem Hund beibringen stillzuhalten, solange seine Ohren gesäubert werden, besteht die Bestärkung für das Stillhalten darin, mit der Behandlung aufzuhören bzw. den Hund loszulassen. Der Hund verknüpft sein Verhalten (Stillhalten) mit der angenehmen Konsequenz (das lästige Gefummel hört auf) und wird in Zukunft zuverlässig stillhalten, sodass wir ihn in Ruhe pflegen können.

RETTUNGSHUNDE-SPEZIAL

In einigen Rettungshundeprüfungen ist die sogenannte Trageübung Vorschrift. Der Hund wird von einer ihm fremden Person über eine bestimmte Strecke von seinem Hundeführer weg getragen und soll sich dabei ruhig verhalten. Für viele Hunde ist dies insofern eine Herausforderung, als gleich drei Dinge zusammenkommen, die für ihn unangenehm sein können: Er muss sich vom Hundeführer entfernen, er muss Körperkontakt zu einer fremden Person halten und er ist nicht mehr Herr seiner eigenen vier Pfoten. Hier kommt bei sauberem Training wiederum negative Bestärkung zum Zuge: Die Person belohnt den Hund für ruhiges Verhalten (kein Zappeln oder Sich-Winden), indem sie ihn vorsichtig wieder auf den Boden stellt, sodass das unangenehme Gefühl für den Hund aufhört.

Am anderen Ende der Skala steht die Ausbildung durch **Strafe** (engl.: Punishment, abgekürzt P). Auch hier müssen wir wieder ein wenig umdenken, denn mit Strafe im lerntheoretischen Sinne sind lediglich diejenigen Konsequenzen gemeint, die der Hund als unangenehm empfindet und die folglich dazu führen, dass er das zuvor gezeigte Verhalten in Zukunft seltener zeigen wird. Im alltäglichen Sprachgebrauch ist der menschliche Begriff „Strafe" auch noch mit vielen anderen Dingen wie Moral, Scham, Ärger usw. verknüpft. Davon müssen wir uns im Hundetraining komplett lösen, um überlegt und effektiv handeln zu können.

Auch bei der Strafe gibt es wieder – rein mathematisch – die positive und die negative Möglichkeit der Anwendung. Wir können den Hund also bestrafen, indem wir etwas hinzufügen, was dem Hund unangenehm ist, hier bezeichnet als **positive Strafe (P+)**. Neigt ein Hund zum Beispiel dazu, Essen vom Tisch zu stehlen, können wir Topfdeckel auf dem Tisch so drapieren, dass sie bei der kleinsten Berührung mit Getöse herunterfallen. Der Hund wird sein Verhalten (mit den Vorderpfoten auf den Tisch steigen) mit der unangenehmen Konsequenz (Schreck) verknüpfen und in Zukunft das Essen auf dem Tisch in Ruhe lassen. Vielleicht! Warum das gar nicht so sicher ist, sehen wir gleich weiter unten.

Die vierte Möglichkeit, das Verhalten eines Hundes durch dessen Konsequenzen zu beeinflussen, ist die sogenannte **negative Strafe (P-)**. Dies bedeutet, dass

RETTUNGSHUNDE-SPEZIAL

Im Rettungshundebereich stellt sich immer wieder das Problem, dass übereifrige Hunde gern an der Versteckperson kratzen oder sie in die Kleidung zwicken, um schneller an die Belohnung zu kommen. Eine Möglichkeit, dies abzustellen, besteht darin, dass die Versteckperson den Hund verbal zurechtweist, zum Beispiel mit einem scharfen „Nein". Manche Versteckpersonen werden auch mit Wasserpistolen ausgerüstet, damit der Hund sein Verhalten (Bedrängen) mit der unangenehmen Konsequenz (Schimpfen, Wasserstrahl) verknüpft und das Verhalten (hoffentlich) in Zukunft seltener zeigen wird.

etwas Angenehmes entzogen wird, um das zuvor gezeigte Verhalten in Zukunft seltener auftreten zu lassen. Ein Alltagsbeispiel könnte hierfür sein, ein gemeinsames Spiel sofort zu beenden, wenn der Hund zu grob wird und beginnt, am Menschen hochzuspringen oder in die Hände zu beißen. Der Hund wird sein zuvor gezeigtes Verhalten (wildes Spiel) mit der Konsequenz (Ende des Spiels, Spielpartner entfernt sich) verknüpfen und sich in Zukunft besser beherrschen. Man kann die vier Konsequenzen nicht immer sehr deutlich voneinander trennen. Eine negative Bestärkung geht immer mit einer positiven Strafe einher. Denn um

RETTUNGSHUNDE-SPEZIAL

Im Rettungshundebereich können wir die negative Strafe anwenden, indem wir bei unerwünschtem Verhalten etwas beenden, was der Hund gern tut. Zeigt sich ein Hund zum Beispiel während der Arbeit unkonzentriert und kaspert offensichtlich nur in der Gegend herum anstatt zu suchen, können wir dies zumindest sofort unterbinden, indem wir die Suche abbrechen, den Hund kommentarlos (!) an die Leine nehmen und ins Auto bringen.

etwas Unangenehmes wegzunehmen, muss ich es zuvor hinzufügen. Ein Beispiel dafür ist der sogenannte Zwangsapport, der früher im Jagd- und Schutzhundebereich sehr häufig praktiziert wurde. Wollte der Hund das Apportel nicht nehmen, drehte man ihm mit einer Hand das Ohr am Ansatz herum, sodass er vor Schmerz aufschrie. Sobald er dafür den Fang öffnete, schob man ihm das Apportel hinein und ließ das Ohr sofort los. Das Verhalten (Aufnehmen des Gegenstandes) wurde durch den nachlassenden Schmerz bestärkt. Um diesen Schmerz jedoch zu erzeugen, musste ihm erst etwas Unangenehmes zugefügt werden (Herumdrehen des Ohrs), obwohl der Hund vorher vielleicht gar nichts falsch gemacht hatte. Über die Tierschutzwidrigkeit solcher Ausbildungsmethoden brauchen wir keine weiteren Worte zu verlieren. Dieses Beispiel soll aber verdeutlichen, dass die Unterscheidung zwischen den vier Quadranten nicht immer ganz deutlich ist. Man sieht es heute mehr als ein Kontinuum denn als eine klare kategorische Einteilung. Wichtig ist aber im Hundetraining immer, zu jedem Zeitpunkt zu wissen, was man tut, das heißt, in welchem Bereich der vier Möglichkeiten man sich gerade befindet. Denn in diesem Bewusstsein liegt der Schlüssel zur erfolgreichen Ausbildung!

Kennen wir die vier Quadranten und ihre Möglichkeiten, das Verhalten des Hundes über dessen Konsequenzen zu steuern, haben wir das Prinzip der **operanten Konditionierung** verstanden. Denn darunter versteht man im Grunde genommen nichts anderes als das Lernen an Versuch und Irrtum. Es ist ein bisschen wie das Blindekuh-Spiel, das wir früher bei Geburtstagsfeiern gespielt haben. In der Rolle der „Blindekuh" hatten wir keine Ahnung, wohin die Reise geht, aber die Rückmeldungen der Kameraden gaben uns Anhaltspunkte, ob wir ganz „kalt", also weit entfernt vom Ziel waren und besser umkehren sollten, oder „warm" bzw. sogar „heiß", was bedeutete, dass wir dem Ziel ganz nahe waren. Die Konsequenzen bestimmten unser Handeln – und genauso ist es mit unseren Hunden auch.

Im englischen Sprachgebrauch hat sich die **ABC-Regel** eingebürgert, um die Reihenfolge der einzelnen Schritte noch deutlicher zu machen. Man spricht vom A als Antecedent (engl.: das Vorhergehende), also dem Reiz, der ein Verhalten auslöst. B steht für Behaviour (engl.: Verhalten) des Hundes und C ist Consequence (die Folge, die das Verhalten nach sich zieht).
Grundsätzlich funktionieren alle Verhaltensweisen des Hundes nach dem ABC-Schema und mit dieser leicht zu merkenden Regel im Hinterkopf ist es später relativ einfach, sich bestimmte Abläufe im Hundetraining bewusst zu machen.

Nun folgen zwei Beispiele für Verhaltensweisen, die nach diesem Schema ablaufen. Die eine ist gewollt, also absichtlich antrainiert, die andere wurde wahrscheinlich eher unabsichtlich verknüpft. Beide C-Komponenten wirken als Bestärkung.

A	B	C
Mensch sagt „Sitz“	Hund setzt sich	Mensch gibt dem Hund ein Leckerchen
Briefträger nähert sich dem Grundstück und wirft Post ein	Hund bellt hinter dem Zaun	Briefträger entfernt sich wieder

Zuckerbrot und Peitsche ...

... oder: Warum wir Hunde, wann immer möglich, mit positiver Bestärkung ausbilden sollten. Jeder, der früher einmal zur Schule gegangen ist (also praktisch jeder erwachsene Mensch in Mitteleuropa), kann sich an mindestens einen seiner Lehrer besonders gut erinnern. In der Regel sind das diejenigen Personen, die man besonders gut oder besonders wenig leiden konnte.
In letzterem Fall war das meine Lateinlehrerin. Ihr Unterricht war stinklangweilig – stundenlanges ödes Formenpauken und Abfragen – und außerdem bestand ihre Motivationsmethode darin, möglichst viel mit den Schülern zu schimpfen. Seien es nur halb (oder gar nicht) gemachte Hausaufgaben, schlecht gelernte Vokabeln oder Verbformen, das Unvermögen, einen komplizierten Satz zu übersetzen – ständig gab es nur Kritik und schlechte Noten. Wir Schüler hatten natürlich nicht besonders viel Spaß an der Sache und arbeiteten jeweils nur gerade so viel, wie unbedingt nötig war, um der Strafe zu entgehen. Dies wiederum merkte die Lehrerin und bezeichnete uns regelmäßig als faul, dumm, fehl am Platz usw. Die Situation war für beide Seiten sehr unbefriedigend und im Nachhinein frage ich mich, wie ich die drei Jahre überhaupt überstanden habe.

Im Gegenzug dazu kennt jeder diejenigen Lehrer, bei denen es einfach „gut lief“. In der Schule sind immer solche Lehrpersonen beliebt, die sich durch Achtung und Respekt gegenüber ihren Schülern auszeichnen. Sie loben alle positiven Dinge. Bei einem Misserfolg finden sie immer noch ein freundliches Wort und ermuntern die Schüler, es noch einmal zu versuchen. Dank solcher Menschen konnte ich sogar in meinen schwachen Fächern Mathe und Physik meine Noten deutlich verbessern! Die Frage, bei welchem Typ Lehrperson wir den Unterricht lieber besuchen wollten, ist klar zu beantworten. Und unseren Hunden geht es ganz genau so!
Natürlich ist es möglich, einen Hund rein über Strafe bzw. die Vermeidung derselben auszubilden. Aber man muss sich darüber klar sein, dass diese Art des Trainings eine ganze Reihe von „Risiken und Nebenwirkungen“ hat.

Zum einen muss man wissen, dass eine Strafe zwar (vielleicht) das unerwünschte Verhalten unterdrückt, nicht aber die zugrunde liegende Motivation. Jemand sagte einmal sinngemäß, einen knurrenden Hund für das Knurren zu bestrafen, sei etwa so, als würde man an einer Maschine die rote Warnlampe kaputtschlagen, wenn diese leuchtet. Die Lampe leuchtet dann zwar nicht mehr, aber der Grund für ihr Aufleuchten, nämlich das Problem im Inneren der Maschine, ist dadurch natürlich nicht beseitigt. Wenn ein Hund knurrt, hat er dafür einen Grund und den können wir natürlich nicht dadurch beseitigen, dass wir das Knurren „abstellen".

Das nächste Problem stellt sich, wenn wir uns klarmachen, welche Information die Strafe denn für den Hund beinhaltet. Richtig angewandt sagt die Strafe dem Hund, was er nicht tun soll. Sie lässt ihn aber völlig im Unklaren darüber, was er denn stattdessen tun soll! Verbieten wir also einem jungen Hund, den Teppich anzukauen, lassen wir ihn ratlos zurück. In der Folge wird er entweder warten, bis wir außer Sicht sind, und dann wieder den Teppich ankauen (denn Kauen ist für Hunde aus verschiedenen Gründen angenehm) oder er wird sich eine andere Beschäftigung suchen, die uns vermutlich nicht viel besser gefallen wird als das Teppichkauen, wie zum Beispiel die Zimmerpflanze auszubuddeln, Zeitungen zu zerreißen oder das Toilettenpapier abzurollen. Auch hierfür wird er wieder geschimpft usw., bis er am Ende der Meinung sein wird, dass die Anwesenheit von Menschen immer Unangenehmes mit sich bringt. Keine guten Voraussetzungen für die weitere Ausbildung!

Zudem erzeugt eine Strafe und die damit verbundenen unangenehmen Empfindungen immer in einem gewissen Maß **Stress**. Das ist zum Teil so gewollt, auf die Dauer aber nicht gut, denn zu viel Stress kann sein Ventil in unkontrollierten Reaktionen finden. Oft sehen wir dann Hunde, die aggressiv gegen Gegenstände, andere Hunde oder Menschen reagieren. Für das Training ist das teils hinderlich, zum Teil aber auch sogar gefährlich.

Außerdem reagiert der Körper auf unangenehme Sinneseindrücke mit vermehrter Ausschüttung des Stresshormons Cortisol. Erfährt der Hund im Training häufige Korrekturen, im lerntheoretischen Sinne also Strafen, bleibt der Cortisolspiegel im Blut dauerhaft erhöht. Dies wirkt sich langfristig negativ auf das Verdauungssystem, aber auch auf das Herz-Kreislauf- und das Immunsystem aus. Lebewesen mit einem dauerhaft erhöhten Cortisolspiegel sind nachgewiesenermaßen anfälliger für Krankheiten und man geht mittlerweile sogar von einer reduzierten Lebenserwartung aus. Ausbildung über Strafe wirkt sich also nicht nur auf die psychische, sondern auch auf die körperliche Gesundheit des Hundes negativ aus. Die größte Gefahr, die von der strafbasierten Ausbildung ausgeht, besteht aber in **Fehlverknüpfungen**. Wir haben oben gesehen, dass Hunde lernen, indem sie

FALLBEISPIEL

Ein Hund mochte keine Katzen und jagte sie, wann immer möglich. Eines Tages entdeckte er eine Katze auf einer Pferdekoppel. Beim Ansturm auf die Katze berührte er mit seinem Ohr zufällig den elektrischen Weidezaun. Man könnte nun meinen, er sei ein für allemal von seiner Katzenjagerei kuriert gewesen, denn das Verhalten (Katzenjagen) war ja positiv bestraft worden (elektrischer Schlag). Das Gegenteil war der Fall. In Zukunft hatte er Angst vor Pferden, denn die waren zu dem Zeitpunkt zufällig ebenfalls auf der Koppel gewesen, und einen doppelten Hass auf Katzen.

mehrere zeitgleich auftretende Reize miteinander verknüpfen. Wenn wir also im Training eine Strafe anwenden, müssen wir damit rechnen, dass der Hund nicht nur den Strafreiz mit seinem Verhalten verknüpft, sondern auch alle anderen Bedingungen, die zu diesem Zeitpunkt an diesem Ort gerade herrschen. Und das kann ganz gewaltig nach hinten losgehen.

Wir können nicht steuern, welche Reize der Hund „nebenbei" noch mit der Strafe verknüpft. Mit Sicherheit wird aber derjenige Reiz, den der Hund im Moment der Strafe gerade im Fokus hatte, in die Angelegenheit mit hineingezogen. Ob es ein anderer Hund ist, eine alte Dame, ein kleines Kind ... es wird auf jeden Fall für den Hund mit unangenehmen Gefühlen belegt sein und sein zukünftiges Verhalten in solchen Situationen wird entsprechend ausfallen. Überlegen wir uns gut, ob wir das wirklich riskieren wollen!

FALLBEISPIEL

Eine Hündin erschrak einmal bei einem Spaziergang furchtbar vor einem tief fliegenden Heißluftballon. Sie hatte das riesige, lautlose Ding nicht kommen gesehen und wurde erst aufmerksam, als der Ballon genau über ihr war. Unglücklicherweise schaltete der Ballonführer genau in diesem Moment seinen Gasbrenner ein und durch das fauchende Geräusch geriet die Hündin total in Panik. Nun könnte man meinen, das sei nicht so schlimm, denn Heißluftballons sind ja nicht so häufig, dass der Hund ständig neue Angst bekommen müsste. Dummerweise hatte die Hündin die Tatsache, dass an diesem Tag die Sonne schien, damit verknüpft und weigerte sich fortan, bei schönem Wetter das Haus zu verlassen.

Je nachdem, in welcher Form die Bestrafung erfolgen soll, muss man auch damit rechnen, dass sich der Hund schlicht und einfach dagegen wehrt – und sei es reflexhaft. Und ein Mensch, der von einem mittelgroßen Hund körperlich angegriffen wird, hat immer schlechte Karten. Hunde sind einfach schneller und besser bewaffnet und als Mensch tut man gut daran, es nicht auf einen Ernstkampf mit ihnen ankommen zu lassen. Genau das provozieren wir aber, wenn wir einen Hund für Fehlverhalten körperlich bestrafen. Auf jeden Fall wird eine Bestrafung durch den Menschen immer einen Verlust an Vertrauen nach sich ziehen. Der Hund macht die Erfahrung, dass er sich auf seinen wichtigsten Sozialpartner einfach nicht verlassen kann. Und in einer anderen ähnlichen Situation wird er sich an dieses unschöne Gefühl erinnern und vielleicht beschließen, die Angelegenheit doch lieber selbst in die Hand zu nehmen. Das kann unvorhersehbare und unkontrollierbare Reaktionen des Hundes nach sich ziehen, für deren Auswirkungen wiederum wir Menschen verantwortlich sind, und zwar in mehrerlei Hinsicht. Und schließlich besteht bei Ausbildung durch Strafe die Gefahr, dass der Hund irgendwann so eingeschüchtert ist, dass er ganz einfach überhaupt nichts mehr tut. Man nennt dies auch **erlernte Hilflosigkeit**.

FALLBEISPIEL

Ich hatte einmal in einem meiner Erziehungskurse eine Dalmatiner-Hündin, die sich, wenn überhaupt, immer nur sehr langsam und vorsichtig bewegte. Auf meine Frage hin, was dem Hund denn fehle und ob er vielleicht körperlich krank sei, vielleicht Schmerzen habe, wurde geantwortet, man wisse es nicht. Als Welpe sei der Hund ganz normal gewesen. Nach einiger Zeit der Beobachtung und einigen gezielten Nachfragen kamen wir auf des Rätsels Lösung: Die Hündin hatte im Junghundalter angefangen, allen möglichen herumliegenden Müll zu fressen. Um ihr das „auszutreiben", hatte man in einer Hundeschule begonnen, mit einem kleinen Bündel Metallscheiben nach der Hündin zu werfen, und zwar jedes Mal, wenn sie sich anschickte, wieder auf dem Boden nach Fressbarem zu suchen. Bald reichte es aus, nur mit den Scheiben zu scheppern, dass die Hündin erschrocken zusammenzuckte. Das anfängliche Problem war damit zwar gelöst – das Unratfressen hörte tatsächlich auf –, aber der Hund war durch die ständig drohende Strafe dermaßen verängstigt, dass er beschlossen hatte, sich fortan möglichst wenig und möglichst langsam zu bewegen, um der stark angstbesetzten Strafe zu entgehen. Armer Hund!

Voraussetzungen für die Ausbildungen über Strafe

Zuerst muss man sich klarmachen, dass die Strafe in ihrer Stärke genau so gewählt sein muss, dass der Hund das unerwünschte Verhalten sofort blitzartig abbricht. Ist sie zu schwach, wird der Hund nicht sehr beeindruckt sein und der Verhaltensabbruch wird nicht zuverlässig erfolgen. Ist sie zu stark bzw. zu heftig in ihrer Wirkung, besteht andererseits die Gefahr der erlernten Hilflosigkeit, das heißt, dass der Hund in Zukunft vor lauter Angst vor neuer Strafe kaum noch wagen wird, eine Pfote zu bewegen. Andererseits kann es sein, dass der Hund reflexhaft auf Verteidigungsverhalten umschaltet und aggressiv reagiert.
Dann muss man auch daran denken, dass ein unerwünschtes Verhalten jedes Mal bestraft werden muss, wenn es auftritt. Denn wenn die unangenehme Konsequenz manchmal auf das Verhalten folgt und manchmal nicht, wird langfristig der gewünschte Effekt, nämlich dass das Verhalten nicht mehr auftritt, ausbleiben. Konsequenterweise muss ich den Hund ständig beobachten, um die Strafe jedes Mal, wenn es nötig wird, richtig einsetzen zu können. Das bedeutet auch, dass alle anderen Menschen, die mit dem Hund zu tun haben, ebenfalls in der Lage sein müssen, diese Strafe richtig einzusetzen und dies auch tun müssen, sobald der Hund in ihrer Anwesenheit das unerwünschte Verhalten zeigt.

Weiterhin muss die Strafe möglichst anonym erfolgen, damit der Hund wenig unerwünschte Mit-Verknüpfungen bildet. Eine Bestrafung direkt durch die Bezugsperson ist insofern problematisch, als der Hund den unangenehmen Eindruck mit sehr großer Wahrscheinlichkeit mit der Anwesenheit der Person assoziiert. Es ist also gut möglich, dass der Hund das unerwünschte Verhalten zukünftig in dieser ganz bestimmten Situation, das heißt in Anwesenheit der Bezugsperson, nicht mehr zeigen wird. Das bedeutet aber keine Übertragung auf alle anderen Situationen des Lebens.

Ein weit verbreiteter Fehler bei der Erziehung des Welpen zur Stubenreinheit besteht zum Beispiel darin, bei „Unfällen“ mit ihm zu schimpfen und ihn dann mit großem Getöse nach draußen zu befördern. Der Welpe wird das unangenehme Gefühl der Strafe mit der Anwesenheit des Besitzers verknüpfen. Wenn ihn in Zukunft die Blase drückt, wird er also tunlichst warten, bis Herrchen oder Frauchen außer Sicht- und Hörweite sind, und sich dann erleichtern – was ihm dann zu allem Überfluss noch als Hinterlist angekreidet wird. Zudem enthält diese Strafe keinerlei Information darüber, was der Hund denn eigentlich tun soll. Alles, was der Hund weiß, ist: Er muss mal dringend – und das möchte er möglichst erledigen, ohne Ärger zu bekommen. Er weiß ja nicht, dass das Ziel der Sauberkeitserziehung darin besteht, ihm das Pinkeln außerhalb der Wohnung anzugewöhnen.

Ein ähnliches Problem stellt sich bei der Ausbildung über negative Bestärkung (R-). Der Hund wird jeweils immer nur so viel von dem gewünschten Verhalten anbieten, wie unbedingt nötig ist, um das unangenehme Gefühl loszuwerden. Er hat ja beispielsweise beim Zwangsapport keinerlei eigene Motivation, das Apportel aufzunehmen, sondern tut es nur, um dem Schmerz des umgedrehten Ohres zu entgehen. Sobald wie möglich wird er den Gegenstand wieder fallen lassen. All dies zeigt, dass die Ausbildung über positive Bestärkung (R+) allen anderen Wegen vorzuziehen ist, wenn es irgendwie geht. Bei der Ausbildung über R+ ist der Hund durch den Erfolg so motiviert, dass er von sich aus (!) immer mehr Verhaltensweisen anbieten wird. Wir brauchen uns nur noch das auszusuchen, was wir haben wollen, und es entsprechend zu bestärken. Das Training wird so quasi zum Selbstläufer.

RETTUNGSHUNDE-SPEZIAL

In der Rettungshundearbeit bietet sich dieser Ausbildungsweg besonders an, denn ein Hund, der von sich aus immer mehr lernen will, ist für diese Arbeit mit ihren komplexen Aufgabenstellungen hervorragend geeignet. Er wird in schwierigen Situationen über genug Mut und Selbstbewusstsein verfügen, um über sich selbst hinauszuwachsen, und wir haben dann die besten Chancen, dass er im Einsatz auch schwierige Sachlagen, die ihm bislang im Training so nicht begegnet sind (und das wird mit Sicherheit vorkommen!), selbstständig und erfolgreich meistern wird. Beim Training mit R+ haben wir ihm die nötige Fertigkeit dazu beigebracht, das sogenannte Empowerment.

Das Konzept des Empowerment

Unter **Empowerment** (wörtlich übersetzt: Ermächtigung, Übertragung von Verantwortung) versteht man die Kompetenz, die Kontrolle über eine Situation zu übernehmen und selbst zu entscheiden, wie es nun weitergehen soll.
Eines der Ziele, die ich mit diesem Buch verfolge, besteht darin, Sie selbst zum Trainer Ihres Hundes zu machen. Mit der Lektüre dieses Buches haben Sie das Rüstzeug dazu und können in Zukunft selbst entscheiden, wie das Training Ihres Hundes gestaltet werden soll. Sie sind nicht mehr auf die Aussagen Ihrer Aus-

FALLBEISPIEL

Eine Bekannte stand einmal mit einem kranken Hund in der Tierklinik. Die Diagnose war unklar; ein Tierarzt kam zu ihr und sagte: „Wir müssen den Hund hospitalisieren“, das heißt, der Hund muss hier in der Klinik bleiben. Sie fühlte sich durch diesen Satz total überfahren und bevormundet und wehrte sich heftig, zumal es dem Hund offenkundig nicht so schlecht ging, als dass diese Maßnahme auf den ersten Blick gerechtfertigt gewesen wäre. Es entstand eine hitzige Diskussion mit dem Tierarzt, die damit endete, dass sie den Hund wieder mit nach Hause nahm, um ihn von ihrer Haustierärztin weiter behandeln zu lassen. Hätte der Klinikarzt seine Rede begonnen mit „Es wäre meiner Meinung nach angeraten, den Hund hier in der Klinik zu lassen, bis wir genau wissen, was er hat. Wir sollten auf Nummer sicher gehen und falls es ihm plötzlich schlechter geht, ist er hier am besten aufgehoben“, hätte sie sich akzeptiert und in ihrer Kompetenz als erfahrene Hundebesitzerin geschätzt gefühlt. Er hätte ihr das Gefühl gegeben, dass sie als Besitzerin entscheidet, was mit ihrem Hund geschieht!

bildungsperson angewiesen. Sie haben damit Empowerment erworben! Auch der Hund kann sich im Training diese Kompetenz aneignen. Beispielsweise können wir ihn selbst entscheiden lassen, wann er eine Ausbildungseinheit durchführen möchte und wann nicht. Beim Training für tierärztliche Behandlungen und zur Körperpflege üben wir so lange, wie der Hund möchte. Das heißt aber nicht, dass der Hund sich entziehen kann, wie er gerade lustig ist. Durch das Gefühl der **Selbstbestimmung** wird er in Zukunft viel besser bei diesen Übungen kooperieren und die zeitliche Ausdehnung dieses Trainings wird viel einfacher sein als gedacht. Schon bald haben wir einen Hund, der sich geduldig untersuchen, Spritzen geben, Krallen feilen und bürsten lässt. Er weiß ja: Er kann jederzeit weggehen, wenn er möchte. Das Training selbst ist aber so motivierend für ihn, dass das Weggehen ihm gar nicht mehr so erstrebenswert erscheint.

Wir haben nun eine ganze Reihe von Argumenten gesammelt, die für die Ausbildung über positive Bestärkung sprechen. Zuletzt sei noch ein Aspekt genannt, den sich manche Hundeleute zwar nicht so gern eingestehen (oder es zumindest nicht offen zugeben), der aber in fast allen Fällen bei der Mensch-Hund-Beziehung eine nicht zu vernachlässigende Rolle spielt: Wir alle lieben unsere Hunde und möchten ihnen so wenig wie möglich Unangenehmes zufügen. Wir respektieren sie als individuelle Lebewesen mit ihren ganz persönlichen Abneigungen und Vorlieben. Dies berücksichtigen wir auch in ihrer Ausbildung. Und nicht zuletzt

müssen wir uns immer wieder vor Augen halten, dass unsere Hunde uns letzten Endes auf Wohl und Wehe ausgeliefert sind. Wir Menschen sind für ihr Wohlergehen verantwortlich und sollten dieses einzigartige Vertrauensverhältnis nicht durch unnötiges Schimpfen oder gar körperliche Strafen zerstören.
Das heißt nun im Umkehrschluss nicht, dass wir dem Hund alles erlauben sollen, nur um nicht aversiv auf ihn einwirken zu müssen. Das würde zu einer Regel- und Orientierungslosigkeit auf der Seite des Hundes führen, die diesen sachlich und emotional völlig überfordern würde. Stress und daraus resultierende Verhaltensprobleme wären die Folge. Von solchen „antiautoritären“ Erziehungsmethoden möchte ich mich an dieser Stelle ganz klar distanzieren, weil ich der Meinung bin, dass Hunde als hochsoziale Tiere nicht dafür gemacht sind, ohne Regeln zu leben. Aber ich plädiere dafür, unserem Hausgenossen das Wissen darüber, welche Dinge er zu tun und welche er zu lassen hat, auf moderne und tiergerechte Weise beizubringen. Und dafür ist die Ausbildung mittels positiver Bestärkung nun einmal am besten geeignet. Der berühmte Tiertrainer Bob Bailey bevorzugt diese Methode übrigens schon allein aus dem Grund, weil es so schlichtweg am schnellsten geht. Und für professionelle Tierausbilder heißt es nun einmal: Zeit ist Geld.

Das Prinzip des fehlerfreien Lernens

Haben wir uns also einmal entschieden, unseren Hund über positive Bestärkung auszubilden, stehen wir vor weiterführenden Aufgaben. Um dem Hund möglichst viele Erfolgserlebnisse zu verschaffen, müssen wir das Training genau planen. Wichtig ist dabei die Einteilung in Lernschritte (mehr dazu im Kapitel „Verhalten formen“ Seite 77 ff.). Diese müssen so klein bemessen sein, dass der Hund sie ohne nennenswerte Schwierigkeiten bewältigen kann. Daraus ergibt sich auch die Notwendigkeit, veränderbare Parameter wie Lerntempo, Schwierigkeitsgrad usw. ständig zu überprüfen und nötigenfalls neu auszurichten.
Unsere Aufgabe ist es, das Training so zu gestalten, dass der Hund selbstständig und problemlos zum Erfolg gelangen kann. Der Hund agiert wesentlich freier, da er nicht befürchten muss, für einen Fehler bestraft zu werden. Der Mensch wiederum braucht sich nicht über Fehler des Hundes zu ärgern, weil sie gar nicht erst auftreten. Diese positive Grundstimmung erleichtert beiden Seiten das Lernen ungemein. Das Lerntempo erhöht sich mit der Zeit von selbst und die gelernten Inhalte werden besser im Gehirn verankert, das heißt, sie „sitzen“ besser. Sollte der Hund im Training doch einmal etwas tun, was wir nicht wollen: Macht nichts! Wir haben uns eine Sichtweise angeeignet, bei der alle gezeigten Verhaltensweisen dahingehend eingeordnet werden, ob sie dem von uns gewünschten Verhalten mehr oder weniger nahe kommen. Je nachdem, wo wir uns auf der Skala von „unerwünscht“

RETTUNGSHUNDE-SPEZIAL

Bei der Ausbildung von Rettungshunden haben wir es leider sehr oft mit Gegebenheiten zu tun, die dieser freien Gestaltung des Trainings entgegenstehen. Beispielsweise hat man eine einmalige Gelegenheit, ein bestimmtes Gelände für die Ausbildung zur Verfügung zu haben. Das Gelände bietet viele anspruchsvolle Versteckmöglichkeiten und die Verlockung ist groß, diese auch zu nutzen. Trotzdem darf man sich nicht dazu verleiten lassen, alle Hunde ohne Berücksichtigung ihres Ausbildungsstandes mit diesen schwierigen Verstecken zu konfrontieren!
Habe ich zum Beispiel einen Hund, der in den letzten Trainings Schwierigkeiten beim Auslösen der Verbellanzeige hatte, muss zuerst an diesem Problem gearbeitet werden und die anspruchsvollen Dinge sind an diesem Tag für den Hund tabu – so schwer es auch fällt, diese einmaligen Gelegenheiten auszulassen. Aber wir tun dem Hund (und uns selbst) keinen Gefallen, ihn angesichts seiner Anzeigeprobleme in eine Situation zu bringen, von der wir von vornherein wissen, dass er sie vermutlich nicht meistern wird.
Auch der Spruch „Versuch macht klug“ ist hier fehl am Platz. Im Gegenteil: Wir riskieren nicht nur einen weiteren Rückschritt im Training, sondern auch einen gewaltigen Motivationsknick bei Hund und Hundeführer. Dies wieder auszubügeln, erfordert viel Zeit und Geduld und keine noch so spannende Herausforderung ist es wert, sich sehenden Auges solche Schwierigkeiten einzuhandeln. Man wird also einem solchen Hund an diesem Tag Aufgaben stellen, die er problemlos bewältigen kann, und für die Übung in anspruchsvolleren Situationen bietet sich später einmal eine andere Gelegenheit.

bis „erwünscht“ gerade befinden, fällt die Bestärkung aus und der Hund wird sein Verhalten in Zukunft entsprechend anpassen. Zur Arbeit an Kriterien später mehr.

Neuere Konzepte zur Lerntheorie

In jüngster Zeit wurden einige neue Forschungsergebnisse zum Lernverhalten von Hunden veröffentlicht. War man früher der Meinung, dass die operante Konditionierung allein das Verhalten von Hunden bestimme, weiß man heute, dass Hunde auch noch auf andere Arten Neues dazulernen können. Im Folgenden werden diese Konzepte dem aktuellen Forschungsstand gemäß kurz vorgestellt – die Zukunft wird auch auf diesem Gebiet sicher noch einige interessante Erkenntnisse bringen!

Spiegeln

Heutzutage weiß man, dass auch Hunde im Besitz von sogenannten **Spiegelneuronen** sind. Diese spezielle Art von Nervenzellen löst bei der Beobachtung eines Verhaltens durch ein anderes Individuum dieselben Reaktionen aus, die auch entstehen würden, wenn diese Handlung bei sich selbst durchgeführt würde. Dadurch befähigen sie ein Lebewesen dazu, das Handeln und Fühlen eines anderen Lebewesens zu begreifen und nachzuempfinden. Wir Menschen kennen das aus dem Alltag: Lächelt uns ein Baby an, können wir nicht anders, als einfach zurückzulächeln. Im Tierreich ermöglichen es die Spiegelneuronen, dass sich zum Beispiel große Fischschwärme oder Herden von Antilopen im Gleichklang bewegen, ohne dass es Zusammenstöße gibt. Hunde wiederum sind Meister der Beobachtung und bieten oft von sich aus an, das Verhalten ihres Sozialpartners zu spiegeln.

Durch die gleichzeitige Aktivität der Handlungsneuronen wird ein „gutes Gefühl" ausgelöst, das man in menschlichen Begriffen etwa so beschreiben könnte: Wir beide ticken ähnlich, wir verstehen uns. Dies vermittelt dem Hund das sehr wichtige Gefühl der sozialen Sicherheit und dadurch wird die Kommunikation mit dem Menschen erst „rund" und vollständig. Ein Leckerchen ohne zusätzliches Feedback durch den Menschen könnte auch aus einem Automaten kommen. Durch das **Spiegeln** wird aber ein zusätzlicher Kanal für die Kommunikation zwischen Mensch und Hund geöffnet. Die Belohnung gewinnt dabei zusätzlich an Wert.

Beobachten wir unseren Hund einmal genau, fallen uns eine Menge Dinge auf, die wir spiegeln können. Dazu gehören Augenbewegungen, Blinzeln, Gähnen, Pfotenbewegungen, Kopf drehen, Kopf senken, Gewichtsverlagerungen und vieles mehr. Hat man sich das Spiegeln erst einmal angewöhnt, fällt es leichter, den Hund zu führen, da er sich viel mehr im Gleichklang mit uns verhalten wird. Die Bewältigung von schwierigen Situationen gelingt dann in echter Teamarbeit.

Nachahmung

Auch das Lernen durch **Nachahmung**, das auch soziales Lernen genannt wird, findet in letzter Zeit viel Beachtung. Neuere Forschungen beweisen, dass die sozialen und kognitiven Fähigkeiten von Hunden weit stärker ausgeprägt sind, als bisher angenommen wurde. Menschen als enge Sozialpartner haben für Hunde unter anderem eine Art Vorbildfunktion, ähnlich wie Erwachsene für Kinder. In der Praxis wird dies schon seit vielen Jahren angewandt, wenn zum Beispiel ein Schäfer einen jungen Hund, der das Hüten erst lernen soll, bei einem erfahrenen Althund mitlaufen lässt. Im Jagdgebrauch mancher Länder werden Jung- und

Althund zum Teil sogar zusammen gekoppelt, das heißt mit einer Leine verbunden. Wichtig ist hier natürlich nicht nur die bloße Imitation, also Nachahmung eines Verhaltens, sondern auch, welche Konsequenzen darauf folgen. Geht man beispielsweise mit einer Gruppe von Hunden spazieren, von denen einige dazu neigen, unkontrolliert jagen zu gehen, besteht die Gefahr, dass auch andere aus der Gruppe davon angesteckt werden. Beim gemeinsamen Jagen, das selbstbelohnend ist, erfahren diese Hunde dann ein Glücksgefühl, welches bestärkend für das Jagdverhalten wirkt. Man riskiert also, dass auch Hunde, die bisher nicht viel Interesse am Jagen hatten, in Zukunft häufiger dieses – an sich unerwünschte – Verhalten zeigen werden. Sie haben es sich von ihren Kumpels buchstäblich abgeschaut. Wir als Menschen können diese Fähigkeit nutzen, indem wir in Gegenwart eines unsicheren Hundes ganz bewusst besonders souverän auftreten und agieren. Zeigt der Hund Angst vor etwas Unbekanntem, gehen wir als Menschen „mutig" voran und untersuchen die vermeintliche Gefahrenquelle (zum Beispiel eine im Wind flatternde Plastikplane) ganz genau. Der Hund wird es uns nach einigem Zögern gleichtun, wofür wir ihn natürlich fürstlich belohnen, und schon hat der Hund wieder zwei neue Dinge gelernt:
Erstens: Die Plane ist grundsätzlich ungefährlich. Und zweitens: Mein Mensch weiß, wie man sich da zu verhalten hat, ihm kann ich vertrauen. In Zukunft wird der Hund eher dazu neigen, sich in schwierigen Situationen an seinem Sozialpartner zu orientieren und das erleichtert uns wiederum die Führung. Dieses ortsbezogene Nachahmen bezeichnet man auch als **„Local enhancement"**, das bedeutet das nähere Untersuchen einer Örtlichkeit. Schnuppert ein Hund beim Spaziergang an einem bestimmten Grasbüschel, wird sein Spielkumpel dazu animiert, dies ebenfalls zu tun – dort muss irgendetwas besonders Interessantes sein!
Der Vorteil beim Lernen durch Nachahmung besteht darin, dass vor allem komplexe Handlungsabläufe rascher gelernt werden als durch bloßes **„Shaping"**, also durch die Verhaltensformung über Versuch und Irrtum.

Bei näherem Hinsehen eröffnen sich noch die Teilgebiete der einfachen und der echten Nachahmung. Bei ersterer führt das Tier einfach nur das wahrgenommene Verhalten aus, ohne eine bestimmten Sinn dahinter zu verstehen. Bei der echten Nachahmung dagegen geht es um überlegtes Agieren, wie zum Beispiel der gezielte Einsatz von Pfote oder Schnauze zur Lösung eines Problems. Übrigens sind Hunde eher empfänglich für die **transitive Nachahmung**, bei der ein Objekt im Spiel ist (zum Beispiel Ball in eine Kiste legen) als für die **intransitive Nachahmung** (zum Beispiel sich im Kreis drehen). Und schließlich wäre da noch die **selektive Nachahmung** zu nennen. Hunde suchen sich sehr genau aus, welche Handlungen sie imitieren – nämlich diejenigen, die nach lerntheoretischen Begriffen angenehme Konsequenzen nach sich ziehen, die sich also für sie lohnen.

Die Belohnung mit Futter ist ein primärer Bestärker und wird sehr häufig bei der Hundeausbildung eingesetzt.

Primäre Bestärker

Die Vorteile des Trainings über positive Bestärkung wurden nun dargelegt. Jetzt werden Sie sehen, dass das Training über positive Bestärkung weit über das reine Füttern mit Leckerchen hinausgeht, da es eine ganze Menge Möglichkeiten gibt, Hunde positiv zu bestärken.

Primäre Bestärker befriedigen die natürlichen Grundbedürfnisse des Hundes, wie Nahrung, Wasser, Spiel bzw. Jagd oder Sozialkontakt. Wichtig beim Einsatz eines primären Bestärkers ist es, darauf zu achten, dass der Hund diesen in dem Moment auch wirklich haben möchte. Hat der Hund sich zum Beispiel soeben am Futternapf den Bauch vollgeschlagen, wird Futter in der nächsten Zeit nur einen sehr schwachen Bestärker darstellen. Umgekehrt sind Hunde, die im Zwinger gehalten werden, oft so „ausgehungert" nach Sozialkontakt, dass sie in der kurzen Zeit, die sie mit ihrem Menschen verbringen dürfen, sehr anhänglich sind und alles tun, um Zuwendung und Lob von ihm zu erhalten. Dies wird dann oft als „besonders anhänglich" oder gar als „Wille zu gefallen" missverstanden. (Es versteht sich von selbst, dass diese Art der Hundehaltung als tierschutzrelevant eingestuft werden muss und ich distanziere mich davon ausdrücklich.) Als primärer Bestärker kann also alles gelten, was der Hund als angenehm und in diesem Moment (!) als Belohnung empfindet.

Allgemein wirken Bestärker besser als solche, wenn der Hund sie von seinem Besitzer bekommt und nicht von einer fremden Person. Denn mit seinem engsten Sozialpartner verbindet den Hund eine (hoffentlich) lange Liste angenehmer Erlebnisse. So wird der Hund die Futterbelohnung aus der Hand „seines" Menschen intensiver erleben als von irgendeinem Fremden.

RETTUNGSHUNDE-SPEZIAL

Natürlich muss gerade der Rettungshund auch lernen, sich fremden Personen zu nähern und sie anzuzeigen. Aber genau dieses Verhalten wird besser verstärkt werden, wenn er aus Erfahrung weiß, dass die Bestärkung dafür von einer Person kommt, die er gut kennt und mit der er ein eingespieltes Team bildet.

Die „handelsüblichen" Belohnungen im Hundetraining bestehen im Allgemeinen aus einer Futterportion und/oder einem Spielzeug. Noch vor etwa zehn Jahren war man vielerorts der Meinung, dass die Spielbelohnung das einzig Wahre sei, da nur auf diesem Wege die gewünschte Motivation beim Hund hervorgerufen werden könne. Begründet wurde dies mit Annahmen wie etwa „Futter bekommt er ja sowieso jeden Tag, das Spielzeug soll aber etwas ganz Besonderes sein" oder „Bei der Ausbildung mit Futter haben wir ein Problem, wenn kurz nach der normalen Futterzeit ein Einsatz kommt. Denn dann ist der Hund satt und wird nicht motiviert suchen".
Dank den Erkenntnissen der modernen Verhaltenskunde können wir dies heute deutlich differenzierter betrachten. Dazu muss man wissen, welche neurobiologischen Vorgänge beim Hund ausgelöst werden, wenn man verschiedene Arten der Belohnung im Training einsetzt. Allerdings können wir im Rahmen dieses Buches nur marginal auf diese Vorgänge eingehen. Wer sich näher dafür interessiert, kann sich in der hinten aufgelisteten Literatur weiter informieren.

Grundsätzlich kann man sagen, dass sich Spiel eher als Bestärker für **dynamische Verhaltensweisen** eignet, wie das Gehen in der korrekten Fuß-Position, und Futter eher für **stationäre Verhaltensweisen**, wie das Abliegen über einen längeren Zeitraum.

Die Belohnung durch Spiel

Spielen ist von elementarer Bedeutung in der Gefühlswelt des Hundes und fast immer mit rascher Bewegung verbunden. Der Mensch macht das Spielzeug interessant, indem er das Verhalten des natürlichen Beutetieres nachahmt, zum Beispiel durch rasches Ziehen über den Boden, Verstecken hinter dem Rücken, Wegwerfen, Zerren und auch durch die dazu gehörenden Geräusche wie Quietschen oder Zischlaute.
Jedes Mal, wenn etwas Neues oder Aufregendes geschieht, wird im Hundehirn der Botenstoff (Neurotransmitter) **Dopamin** ausgeschüttet. Da Dopamin ein sehr wirkungsvoller Neurotransmitter ist, entstehen bei Wiederholung solcher Abläufe sehr schnell feste Vernetzungen im Hundehirn. Dies vermittelt den Eindruck, dass der Hund mithilfe der Spielbelohnung sehr rasch lernt und zudem hochmotiviert ist. Allerdings muss man wissen, dass Dopamin in der Lage ist, ein eigenes Netzwerk im Gehirn aufzubauen, wodurch wiederum der Aufbau anderer Verschaltungsmuster, wie zum Beispiel zur Verarbeitung einströmender Reize, gestört werden kann. Das Lernen wird insofern behindert, als der Hund kaum auf andere Problemlösestrategien wie Sozialverhalten zurückgreifen kann. Daraus

entwickeln sich dann rasch problematische Verhaltensweisen wie Stereotypien (Herumkläffen in bestimmten Situationen, Im-Kreis-Drehen beim Start usw.) oder Schwierigkeiten bei der Kontrolle der eigenen Impulse. Hunde mit hohem Dopamin-Spiegel können sich tendenziell eher schwer beherrschen, wenn sie schnelle Bewegungen wahrnehmen. Sie können bereits durch einen auffliegenden Vogel oder ein treibendes Blatt in Aufregung geraten.

RETTUNGSHUNDE-SPEZIAL

Bei Rettungshunden äußert sich dies dann zum Beispiel in Übersprunghandlungen wie Schnappen nach der Versteckperson und wird leider oft als Übermotivation missverstanden, dabei hat der arme Hund aber einfach nur Stress. Ich erinnere mich an einen Berner Sennenhund, der in monatelanger Arbeit „beutegeil" gemacht wurde. Die Ausbilder waren ganz stolz, den anfangs scheinbar so unmotivierten Rüden endlich so weit gebracht zu haben, dass er wie ein Wilder in das Spielzeug biss, es schüttelte und nicht mehr hergab. Leider kam es immer häufiger zu Verletzungen der Versteckpersonen, weil der Hund in Erwartung des kommenden Stresses vor lauter Verzweiflung begann, an den Personen zu kratzen und auch seine Zähne einzusetzen. Die Hundeführerin beschloss, etwas zu ändern, da der Hund immer mehr als aggressiv verschrien wurde, und da sie auch sah, dass es ihrem Hund mit dieser Art der Ausbildung nicht gut ging. Sie wechselte in eine Staffel, wo die Ausbildung anders aufgebaut wurde, und schon nach kurzer Zeit war der Hund wie ausgewechselt.

Studien haben gezeigt, dass bestimmte „Arbeitsrassen" allgemein einen höheren Dopamin-Spiegel aufweisen. Genannt werden unter anderem Border Collies, Malinois oder Jack Russell Terrier. Diesen Rassen wird erfahrungsgemäß auch ein höheres Erregungspotenzial nachgesagt, was die Theorie vom Zusammenhang zwischen Dopamin und Erregbarkeit zu unterstützen scheint. Das Gegenbeispiel sind die Herdenschutzhunde. Sie verfügen nachweislich über einen eher niedrigen Dopamin-Spiegel und haben von ihren ethologischen Anlagen her tatsächlich eine sehr hohe Reizschwelle, das heißt eine geringe Erregbarkeit.

Um wirklich spielen zu können, muss man entspannt sein. Schließlich wird Spiel per definitionem zum Vergnügen und zur Entspannung ausgeübt. Wenn jemand nach einem anstrengenden Arbeitstag noch zum Zahnarzt, anschließend rasch einkaufen und dann die Kinder aus der Tagesbetreuung abholen muss, wird diese Person nicht viel Muße zum Spielen haben. Und genauso geht es unseren Hunden auch. Trainingssituationen sind für die Hunde oft sehr aufregend. Die anwesenden Menschen, die anderen Hunde, die (hoffentlich freudige) Erwartung der Aufgabe usw. tragen nicht gerade zur Entspannung der Situation bei. Daher muss schon genau überlegt werden, ob man diese Aufregung durch den Einsatz von Spielbelohnung noch verstärken möchte.

Der richtige Einsatz der Spielbelohnung

Bei manchen Hunden ist der Einsatz der Spielbelohnung durchaus angebracht. Besonders für Hunde, die im Umgang mit Menschen etwas unsicher sind, kann es eine gute Lösung sein, ihnen das Spielzeug ein Stück wegzuwerfen. Das gibt dem Hund die Möglichkeit, sich ein wenig von der Versteckperson zu entfernen und sich so aus der schwierigen Situation herauszuziehen. Das Tragen des Spielzeugs und manchmal auch das Herumknautschen darauf helfen, Stress abzubauen – ähnlich wie das Kaugummikauen beim Menschen.

FALLBEISPIEL

Meine alte Griffon-Hündin war schon immer eine etwas mäkelige Fresserin gewesen und interessierte sich nur mittelmäßig für das Futter, das sie am Ende eines Trails angeboten bekam. Sie nahm es zwar, aber man sah ihr deutlich an, dass sie keinen allzu großen Wert darauf legte. Allerdings liebte sie Bälle von klein auf. Also begann ich, ihr nach der Futterbelohnung regelmäßig einen Ball zu werfen, den sie dann fangen und herumtragen durfte. Ihre Leistungen bei der Suche verbesserten sich dadurch deutlich. Interessant ist hierbei, dass der Ball nach dem Futter gleichzeitig die Akzeptanz der Futterbelohnung verbesserte, da das „weniger geliebte" Futter den „mehr geliebten" Ball ankündigte. Das Verhalten „Futter fressen" wurde durch den Ball verstärkt. Dadurch verbesserte sich zusätzlich die Intensität der reinen Futterbelohnung, falls der Ball einmal nicht geworfen werden konnte.

Manchmal bringen die Hunde das geworfene Spielzeug auch zum Menschen zurück und fordern ihn so zum kooperativen Spielen auf. Wichtig ist dabei, die individuellen Vorlieben des Hundes zu berücksichtigen. Soll der Hund das Spiel am Ende „gewinnen" dürfen? Der Erhalt der Beute vergrößert wiederum die Wertigkeit des Spiels, wodurch das Spiel als Bestärkung selbst mehr Gewicht

RETTUNGSHUNDE-SPEZIAL

Bei der Rettungshundeausbildung ist die Versteckperson bzw. der Hundeführer gefragt, das Spiel für den Hund interessant und trotzdem nicht zu hektisch zu gestalten. Bezüglich des individuellen Spielverhaltens des Hundes muss der Ausbilder die Versteckperson also genau einweisen, wie sie zu spielen hat, und die Person muss sich natürlich auch daran halten!

bekommt. Soll der Mensch beim Spiel mit dem Gegenstand Geräusche machen oder macht das den Hund total verrückt, sodass er außer Kontrolle gerät? All dies sind Faktoren, die den Lernvorgang beim Hund beeinflussen.
Wichtig hierbei ist zu wissen, dass das Spielzeug an sich für den Hund zunächst nur ein wertloser Gegenstand ist und keine Verstärkerqualitäten hat. Erst in Verbindung mit der lustigen oder aufregenden Aktion wird das Auftauchen des Spielzeugs zum sekundären Bestärker.

Es versteht sich von selbst, dass beim Umgang mit Spielzeugen immer Sicherheit das oberste Gebot ist. Bälle müssen immer so groß sein, dass sie vom Hund keinesfalls verschluckt werden können. Die Spielzeuge dürfen keine Teile enthalten, an denen Hund oder Mensch sich verletzen können. Und die Halswirbelsäule des Hundes darf nicht durch ruckartige Bewegungen oder gar Hochheben des Hundes am Spielzeug belastet werden. Idealerweise begibt sich der Mensch zum Spielen auf Augenhöhe des Hundes, das heißt auf alle Viere.

Das Abnehmen des Spielzeugs ist oft ein etwas schwieriger Moment, da es ja zu einem Zeitpunkt erfolgen sollte, zu dem der Hund das Spielzeug eigentlich noch nicht hergeben möchte. Durch ungeschicktes Verhalten kann man hier die ganze Bestärkungswirkung des vorangegangenen Spiels zunichte machen; dies kann sogar so weit gehen, dass der Hund das Spiel, das ihn eigentlich bestärken sollte, als Strafe empfindet.

Daher ist es unerlässlich, dass das Zurückbringen und Abgeben der Beute außerhalb des Trainings mit dem Hund geübt wurde und auch immer wieder „nachgeschärft" wird, sodass Hund und Mensch in der Trainingssituation möglichst wenig Stress damit haben. Dazu gehört der sichere Rückruf des Hundes in allen Situationen – auch mit dem Spielzeug! Als Bestärker für das Kommen kann man zum Beispiel das Spielzeug danach noch einmal werfen. Außerdem sollte zu Hause, in ruhiger Umgebung, das Tauschen geübt werden. Dies bedeutet, der Hund soll zwar sein geliebtes Spielzeug abgeben, erhält aber als Bestärker für das Abgeben vom Menschen ein Stück Futter oder auch etwas zum Kauen, mit dem er sich nach dem Ende der Spielsequenz noch eine Weile beschäftigen kann. Eine andere Möglichkeit besteht darin, ein zweites Spielzeug mitzubringen, sodass man immer wieder ein neues Tauschobjekt hat. Irgendwann wird dann statt des zweiten Spielzeugs etwas Futter geworfen, sodass der Mensch am Ende beide Spielzeuge hat.

RETTUNGSHUNDE-SPEZIAL

Im Training ist das Abnehmen des Spielzeugs immer die Aufgabe des Hundeführers und nicht die der Versteckperson, da wir ja wollen, dass der Hund mit der Versteckperson ausschließlich positive Erlebnisse verknüpft.

Die Belohnung durch Futter

Das sogenannte **serotonerge System** bildet in der Neurobiologie eine Art Gegenspieler zum **dopaminergen System** und hat durch den Botenstoff **Serotonin** im Allgemeinen eher hemmende Wirkung. Das serotonerge System arbeitet außerdem eher rhythmisch und weniger situationsabhängig als das dopaminerge System. Durch die regelmäßige Wiederholung entsteht eine ausgleichende und stabilisierende Wirkung auf das Gehirn, das heißt, Lernvorgänge in diesem Bereich werden zwar nicht besonders schnell, dafür aber sehr sicher und vor allem dauerhaft verknüpft. Da Futter außerdem Tryptophan enthält, das eine Vorstufe zum sogenannten „Glückshormon“ Serotonin ist, entsteht durch die Ausschüttung zusätzlicher Botenstoffe außerdem eine Assoziation mit positiven Gefühlen wie etwa Vertrauen und Sicherheit. Dies machen wir uns beim Einsatz der Futterbelohnung zunutze. Die Aufnahme von Futter dient dem Lebewesen Hund zur Befriedigung eines Grundbedürfnisses. Da Hunde genetisch darauf programmiert sind, alles Futter aufzunehmen, was sie bekommen können (Caniden in freier

Wildbahn wissen schließlich nie, wann es das nächste Mal etwas geben wird und wie viel), sind fast alle Hunde im Training relativ leicht mit Futter zu motivieren und genauso wie bei uns Menschen erzeugt ein voller Bauch auch bei unseren Hunden ein gutes Gefühl.
Um das Interesse am Futter zu steigern, kann man vor dem Training auch einmal eine Mahlzeit ausfallen lassen oder, falls der Hund das Fasten nicht gut verträgt, nur die Hälfte der üblichen Portion verfüttern. Später, wenn die antrainierten Verhaltensweisen gut gefestigt sind, erübrigen sich diese Maßnahmen von selbst wieder. Man muss vielleicht auch ein bisschen ausprobieren, welches Futter der Hund besonders gern mag. Je nachdem, was geübt werden soll, sind auch nicht alle Arten der Futterbelohnung und der Darbietung gleich gut geeignet.

Verschiedene Arten der Futterbelohnung

Soll der Hund ein bestimmtes Verhalten über längere Zeit zeigen, empfiehlt sich die Zwischenbestätigung. Der Hund bekommt zwischendurch immer wieder ein Futterstückchen und soll dann weiter bellen, bis die gewünschte Zeitdauer erreicht ist. Hierfür eignen sich natürlich vor allem **Leckerchen**, die sich stückweise portionieren lassen, wie Käsewürfel oder Wurstscheibchen. Trockene Hundekekse sind oft nicht sehr schmackhaft für Hunde und außerdem kann der Hund sich leicht daran verschlucken.

Nassfutter in kleinen Frischhaltedosen ist als Futterbelohnung gut geeignet. Man kann zum Beispiel Katzenfutter verwenden, was viele Hunde sehr gern mögen, aber auch gekochtes Hühnchen, gebratene Leber oder Ähnliches hinzufügen. Die Gefahr, dass der Hund sich daran verschluckt, ist naturgemäß gering. Allerdings ist diese Sorte Futter schlecht zu portionieren. Wenn die Dose einmal geöffnet wurde, sind die meisten Hunde sehr gierig danach, alles aufzufressen, und das sollte ihnen auch gewährt werden. Nimmt man die halb leergefressene Dose

RETTUNGSHUNDE-SPEZIAL

Die Gefahr des Verschluckens besteht vor allem dann, wenn dem Fund eine längere Suche vorausging und der Hund etwas außer Atem ist, wenn er an der Person ankommt. Die Bestätigung in Intervallen ist zum Beispiel bei der Verbellanzeige sinnvoll einsetzbar.

RETTUNGSHUNDE-SPEZIAL

Beim Mantrailing, wenn jeder Hund seinen eigenen Trail hat, der jedes Mal in einem anderen Versteck endet, spricht nichts dagegen, den Inhalt der Futterdose einfach auf den Boden zu schütten. Das Suchen nach den Futterbröckchen macht den meisten Hunden Spaß und da es auch eine ganze Weile dauert, bis der Hund jedes Krümelchen gefunden hat, dauert die Belohnungssequenz länger und wirkt so als höherwertiger Bestärker.

Gegen Futter auf dem Boden spricht in der Flächen- und Trümmersuche das Argument, dass wir den Hund ja nicht dazu animieren wollen, nach Futter zu suchen. Bei einer sauberen Ausbildung mit korrekt konditionierten Signalen und gutem Timing sollte dies aber kein Problem sein. Es versteht sich von selbst, dass nach einer solchen Aktion in der Nähe des Verstecks an diesem Tag keine weitere Person eingebracht werden sollte, um die nachfolgenden Hunde nicht unnötig abzulenken.

Weitere Ideen für die Futterbestätigung sind zum Beispiel gefüllte Kongs oder Futterdummys, die der Mensch einfach ein Stückchen weg wirft.

Besonders Ersteres bietet einem unsicheren Hund die Möglichkeit, sich ein wenig von der Versteckperson zu entfernen, um dann in Ruhe die Leberwurst aus dem hohlen Gummispielzeug herauszulecken.

Im Gegensatz zur Spielbelohnung, die doch etwas Übung erfordert, kann eine Futterbelohnung auch von einer ungeübten Hilfsperson gegeben werden. Dies gilt besonders, wenn man im Training Fremdopfer einsetzt, die mit Hunden bzw. deren Ausbildung oft nicht besonders vertraut sind.

An heißen Tagen kann man der Versteckperson auch Wasser bzw. verdünnte Brühe oder Würstchenwasser als zusätzlichen Bestärker mitgeben, was der Hund dann am Ende der Belohnungsphase angeboten bekommt.

wieder weg, um den Rest für die nächste Übung aufzuheben, erzeugt dies Frust beim Hund und als Reaktion darauf wird er beim nächsten Mal umso gieriger schlingen. Außerdem besteht dabei die Gefahr, dass doch etwas Futter auf den Boden fällt, was unerwünschte Lerneffekte beim Hund hervorruft und auch für die nachfolgenden Hunde ungünstig ist, da diese durch die Futterreste natürlich abgelenkt werden können.

Ein liebevolles Streicheln kann auch als Bestärker eingesetzt werden.

Besser zu portionieren ist das Nassfutter, wenn man es in **Tuben** oder ähnliche Gefäße füllt. Durch Druck auf das Gefäß bzw. auf dessen Boden kann die gewünschte Futtermenge an den Hund abgegeben werden und das „Sperren“ am Ende ist recht unproblematisch, indem man die Tube einfach wegnimmt und den Deckel verschließt. Ein weiterer günstiger Nebeneffekt dieser Behälter ist, dass der Hund ein wenig an der Öffnung lutschen oder nuckeln muss, um an das Futter zu kommen. Dadurch wird das Trinken der Welpen an der mütterlichen Zitze nachgeahmt und es kommt zur Ausschüttung des „Kuschelhormons“ **Oxytocin**, was beim Hund ein angenehmes Gefühl der Geborgenheit auslöst. Vor allem für unsichere Hunde ist diese Art der Belohnung also besonders gut geeignet – und das sind bei näherem Hinsehen doch recht viele.

Eine weitere Möglichkeit, dem Hund die Futterbelohnung anzubieten, besteht darin, das **Futter auf den Boden zu streuen** oder zu werfen, und zwar immer gekoppelt mit einem bestimmten Signal, das dem Hund diese Art der Belohnung ankündigt, so dass er weiß: „Jetzt wird gleich Futter auf den Boden gestreut werden.“ Das Signal ist sehr wichtig, damit der Hund nicht generell beginnt, in dieser Situation den Boden nach Futter abzusuchen, sondern eben nur dann, wenn diese Art der Futterbelohnung explizit angekündigt wurde. Diese Variation bietet dem Hund mehr Abwechslung, das Futter als Verstärker wird dadurch noch interessanter und damit effektiver. Aus praktischen Gründen ist diese Art der Darbietung natürlich nicht für alle Hunde und für alle Situationen geeignet.

Andere Arten von primären Bestärkern

Natürlich gibt es im Leben eines Hundes auch noch andere Dinge, die er gern mag und die daher als Bestärker eingesetzt werden können. **Sozialkontakt** gehört dazu. Allerdings mögen es die wenigsten Hunde, im Training vom Menschen an-

RETTUNGSHUNDE-SPEZIAL

Auf die Streicheleinheit im Training zu verzichten, gilt sowohl für den Hundeführer als natürlich ganz besonders für die Versteckperson.

gefasst zu werden. Auch wenn sie zu Hause sehr verschmust sind und sich gern streicheln und kraulen lassen, ist die Trainingssituation doch in der Regel recht aufregend. Die Streicheleinheit ist hier nicht attraktiv genug, damit der Hund bereit wäre, sich in dieser Situation wirklich dafür anzustrengen.

Manche Hunde lassen sich zwar nach dem Ende der Belohnungsphase (das heißt nach dem Fressen oder dem Spiel) die Berührung durch Menschen gefallen, aber wenn man einmal genau hinsieht, wird einem auffallen, dass die meisten von ihnen es „halt über sich ergehen lassen" und es in dieser Situation nicht als echte Belohnung empfinden – im Gegenteil: In aller Regel tut man den Hunden also im Training einen Gefallen, wenn man ausdrücklich die Finger von ihnen lässt.

Andere Bestärker (also Dinge, die Hunde gern tun) ist zum Beispiel der Sprung in einen Teich an einem warmen Sommertag oder das kurzfristige Verfolgen einer Wildspur. Hier kommt das sogenannte **Premack-Prinzip** zum Tragen, das nach

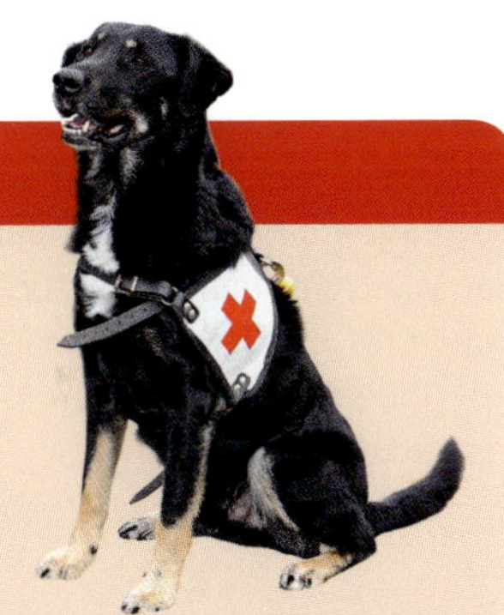

RETTUNGSHUNDE-SPEZIAL

Es spricht zum Beispiel nichts dagegen, dass die Versteckperson nach dem Auffinden und Anzeigen durch den Hund mit ihm zusammen zu einem nahe gelegenen Gewässer rennt und dem Hund so ermöglicht sich abzukühlen. Die meisten Hunde lieben es zu baden und es kann ein sehr wirkungsvoller Bestärker sein, wenn die Person (oder der Hundeführer) dem Hund seinen Ball ins Wasser wirft. Auch hier ist es sinnvoll, diese besondere Art der Belohnung durch ein Signal (zum Beispiel das Wort „Wasser") anzukündigen.

Manche Hunde sind auch nach etwas Gewöhnung unsicher, wenn sie in der Auffindesituation mit fremden Menschen allein sind – und diese dann auch noch anbellen sollen. Für diese Hunde kann es eine sehr hochwertige Bestärkung sein, wenn sie zu ihrem Hundeführer zurücklaufen dürfen und ihm zum Beispiel durch das Aufnehmen eines Bringsels oder durch ein anderes Verhalten anzeigen, dass sie eine Person gefunden haben. Viele unsichere Hunde „blühen" regelrecht auf, wenn man ihnen das Zurücklaufen zum Hundeführer ermöglicht bzw. erlaubt, und es ist immer wieder erstaunlich, wie rasch diese Hunde dann das alternative Anzeigeverhalten für den Bringsel- oder Freiverweis erlernen, nachdem sie sich vorher monate- oder sogar jahrelang mit der Verbellanzeige abgemüht haben.

dem Psychologen David Premack (1925 – 2015) benannt ist und besagt, dass von zwei Verhaltensweisen diejenige, die das Tier lieber zeigt, als Bestärker eingesetzt werden kann für diejenige, die beim Tier nicht so beliebt ist.

Zuwendung durch den Menschen

Da Hunde von Natur aus soziale Tiere sind, ist ihnen die Zusammenarbeit mit dem Menschen angeboren. Es steht außer Zweifel, dass sie uns Menschen sehr genau beobachten und kleinste Veränderungen in unserem Verhalten wahrnehmen. Auch darauf sind Hunde genetisch quasi programmiert. Jede winzige Veränderung in ihrer Umwelt kann entweder Gefahr oder die Nähe eines potenziellen Beutetiers bedeuten. Dies erklärt auch, warum manche Hunde sich so erschrecken, wenn sich in ihrer gewohnten Umwelt etwas verändert, zum Beispiel wenn Möbel in der Wohnung umgestellt werden oder wenn an einer Straßenlaterne ein Fahrrad lehnt, das normalerweise nicht da steht.
Im Training können wir uns diese Kooperationsbereitschaft zunutze machen, indem wir unsere **Aufmerksamkeit** und **Zuwendung** ganz gezielt als Bestärker einsetzen. Hier genügt schon ein kurzer Blickkontakt oder ein kleines Lächeln. Auch andere Personen, zu denen der Hund vielleicht nicht so einen engen Bezug hat wie zu seinem Besitzer, können das Verhalten des Hundes beeinflussen, indem sie den Hund anschauen, anlächeln oder lachen, wenn er etwas Lustiges tut. Andererseits kann man dadurch auch leicht unerwünschte Verhaltensweisen verstärken.

RETTUNGSHUNDE-SPEZIAL

Dessen sollten sich vor allem die Versteckpersonen bei der Suchhundeausbildung sehr wohl bewusst sein. Andererseits kann es gerade für Hunde, die etwas umweltunsicher sind, sehr entlastend sein, am Ende einer Suche von ihrem Hundeführer (und nicht von der Versteckperson) bestärkt und gelobt zu werden. Der Geruch des Hundeführers wirkt durch die Verknüpfung mit dem Futter, das aus dieser Hand kommt, bestärkend und kann die Belohnung durch Futter oder Spiel so noch zusätzlich aufwerten. Kommt die Belohnung von der Versteckperson, ist dies für den Hund zwar auch bestärkend, aber den richtigen „Kick" erhält er erst durch die Zuwendung und Anerkennung seines Sozialpartners.

Funktionale Bestärker

Je eher eine Belohnung die aktuellen Bedürfnisse des Hundes befriedigt, desto hochwertiger ist sie und desto besser wirkt sie auch. **Funktionale Bestärker** sind daher eine zwar nicht immer ganz einfach zu handhabende, aber dafür sehr wirkungsvolle Möglichkeit, erwünschtes Verhalten zu bestätigen. Gerade im Umgang mit unerwünschten Verhaltensweisen ist die funktionale Analyse zwingend notwendig.

Wir fragen uns einfach „Was will der Hund genau jetzt unbedingt haben/tun?“ und geben bzw. erlauben ihm genau dieses, nachdem er das gewünschte Verhalten gezeigt hat. Beispielsweise bemerkt ein Hund etwas Interessantes im Gebüsch. Statt sich neugierig hineinzustürzen, bleibt er stehen und guckt lediglich in die Richtung des interessanten Geruchs. Diese Selbstkontrolle kann man sehr gut belohnen, indem man dem Hund in eben diesem Moment das Stöbern ausdrücklich erlaubt, und zwar wiederum mit einem ganz bestimmten Signal, welches das Stöbern als Verstärker ankündigt. Natürlich müssen dabei die Umstände und die Regeln der gegenseitigen Rücksichtnahme beachtet werden.

RETTUNGSHUNDE-SPEZIAL

Für einen Mantrailer würde sich am Ende einer Suche ein Hetzspiel mit der Versteckperson anbieten, da die Fährtensuche ja aus dem Jagdverhalten stammt und die logische Folge nach dem Auffinden das Fangen bzw. Packen der Beute darstellt. Wenn die Umstände es erlauben, könnte die Versteckperson beim Annähern des Hundes also aus dem Versteck kommen und wegrennen, vielleicht sogar in Verbindung mit entsprechenden Geräuschen. Ist ein Spielzeug eingebunden, kann dieses an einer Schnur hinterher gezogen werden, sodass der Hund maximalen Spielspaß erlebt.

In manchen Situationen ist der wirkungsvollste Bestärker für den Hund auch einfach: Weitersuchen dürfen! Es gibt Hunde, für die das Suchen selbst das Tollste auf der Welt ist. Die Belohnung durch die Versteckperson finden sie zwar ganz nett, aber den größten Gefallen tut man ihnen, wenn man sie danach noch einmal ansetzt. Gerade in der Flächensuche, wo oft mehrere Versteckpersonen im Gebiet sind, lässt sich dieser funktionale Bestärker sehr gut einsetzen.

Habe ich es geschafft, einen Hund aus einer Rehhatz abzurufen, lasse ich ihn selbstverständlich nicht als Belohnung erst recht hinter dem Reh herhetzen, sondern muss mir etwas anderes einfallen lassen. Hier genügt natürlich kein schnödes Leckerchen als Belohnung, sondern die Belohnung sollte funktional möglichst eng mit dem zuvor aufgegebenen Verhalten zusammenhängen. Hier eignet sich beispielsweise eine „Jagd" nach einem Spielzeug an einer Schnur oder Ähnliches.

Das Seeking-System

Zu den sieben bekannten Basis-Emotionen des Hundes gehört neben Fear (Furcht), Rage (Wut), Panic (Trennungsstress, Trauer), Care (Fürsorge) und Lust (Lust) auch das sogenannte **Seeking** (Suchen). Damit ist das **Explorations**- bzw. **Erkundungsverhalten** gemeint.

Wenn Hunde ihre Umwelt erkunden, wird im Nervensystem der Neurotransmitter Dopamin ausgeschüttet und dadurch entsteht ein gutes Gefühl, der Hund möchte mehr davon haben. Suchen an sich ist für Hunde also selbstbestärkend und sie brauchen es für ihr körperliches und seelisches Gleichgewicht. Im Training kann man dies ausnutzen, indem man den Hund zur Belohnung kleine, einfache Suchaufgaben lösen lässt, zum Beispiel indem man ein paar Leckerlis auf den Boden streut.

Das Training mit einem Markersignal (wie das Clickertraining) klinkt sich übrigens genau in dieses System ein. Durch die positive Bestärkung erfährt der Hund, dass er durch sein Verhalten seine Umgebung kontrollieren kann. Dadurch wird er versuchen Neues auszuprobieren und zeigt genau dieses Explorationsverhalten, das Teil des Seeking-Systems ist.

Flexibel bleiben

Die Vorlieben des Hundes für bestimmte Belohnungen ändern sich mit der Zeit und je nach Situation.

Das bedeutet für uns Menschen, dass wir die Belohnungen, die wir einsetzen, immer wieder hinterfragen müssen und immer wieder neu entscheiden müssen, welche Belohnung in welcher Menge nun gerade am besten geeignet ist. Natürlich gibt es Standardbelohnungen wie Leckerlis, die fast alle Hunde in den meisten Situationen gern mögen. Aber durch gezielten Einsatz verschiedener Bestärker bleibt das Training für den Hund spannend und durch das Wissen

FALLBEISPIEL

Meine Bloodhound-Hündin liebt es, zu Hause spielerisch ihren Gummikong herumzuwerfen (und mich dann dazu anzustellen, ihr das Teil wieder unter den Möbelstücken herauszuangeln!). Außerhalb des Hauses ist sie für Spielsachen aller Art überhaupt nicht zu haben. Viel zu aufregend sind die Dinge, die da draußen passieren! Da braucht es schon sehr schmackhafte Leckerchen, um zu ihr durchzudringen. Andererseits kann die Belohnung, die ich heute für ein „Sitz" einsetze, in zwei Wochen schon nicht mehr attraktiv genug sein, um noch bestärkend zu wirken.

über Belohnungen von unterschiedlicher Wertigkeit haben wir ein hervorragendes Werkzeug an der Hand, um das Verhalten unseres Hundes gezielt zu beeinflussen. Wer dieses außer Acht lässt, macht sich das Training unnötig schwer. Man sollte auch daran denken, dass sekundäre Bestärker immer wieder durch klassische Konditionierung „aufgeladen" werden müssen, damit sie nicht an Wert verlieren. Denken wir daran: Das Spielzeug wird erst durch das Spiel interessant. Diese Hintergrundarbeit muss außerhalb des Trainings geschehen, um den Bestärker im Training optimal nutzen zu können.

Das Ende der Trainingseinheit

Man sollte sich durchaus auch überlegen, wie man das Ende eines Trainings gestalten kann, damit es für den Hund möglichst wenig Frusterleben mit sich bringt. Beispielsweise sollte man eine Belohnungsphase möglichst ohne Unterbrechung zu Ende bringen. Wendet man nämlich währenddessen die Aufmerksamkeit vom Hund ab und anderen Dingen zu (um vielleicht mit anderen Anwesenden zu diskutieren), kann dies für den Hund bestrafend für dasjenige Verhalten wirken, welches er unmittelbar zuvor gezeigt hat. Lässt sich das Gespräch partout nicht auf später verschieben, sollte dem Hund vorher ein entsprechendes Signal gegeben werden, das ihm zeigt, dass er jetzt gerade „nicht dran" ist. Dazu kann man zum Beispiel einen Fuß auf die Leine stellen. Nach dem Ende der Besprechung kann man sich dann wieder dem Hund zuwenden. Dieser Pause-Modus muss aber natürlich vorher entsprechend antrainiert worden sein.

Üblicherweise wird der Hund nach dem Ende einer Trainingseinheit ins Auto gebracht, um sich auszuruhen und das Erlebte und Gelernte zu verarbeiten. Damit er diesen Ausschluss nicht als zu frustrierend empfindet, kann man ihm noch ein paar Leckerchen in die Box streuen, die er aufsammeln und sich dabei vollends beruhigen kann. Auch ein Kauspielzeug kann hier gute Dienste leisten.

RETTUNGSHUNDE-SPEZIAL

Die Futterbelohnung kann man zum Beispiel bei der Anzeigeübung so gestalten, dass der Helfer zwei verschiedene Belohnungen in unterschiedlicher Qualität mitbekommt. Je nachdem, wie der Hund die Aufgabe gelöst hat, bekommt er eine „normale" Belohnungsportion oder – bei besonders guter Leistung – eben die andere Portion bzw. auch mal beide Portionen hintereinander.
Beim Mantrailing ist es noch einfacher, da der Hundeführer zeitgleich mit dem Hund am „Opfer" eintrifft und selbst bestimmen kann, ob und wie die übliche Belohnung „aufgestockt" werden soll.
Ich habe immer ein zusätzliches Schälchen Katzen-Nassfutter in der Westentasche, welches für meinen Bloodhound eine sehr hochwertige Belohnung darstellt. Bin ich mit der Leistung meines Hundes besonders zufrieden, gibt es zusätzlich zur normalen Futterbelohnung noch den Inhalt des Schälchens als Nachtisch.
Was aber ist im Bereich der Suchhundearbeit eine „besonders gute Leistung"? Wenn ein Hund nach langer Suche in einem riesigen Gebiet endlich die versteckte Person findet? Wenn ein Hund wie ein Dinosaurier durchs Gestrüpp bricht und in weniger als einer Minute die Person am anderen Ende des Suchgebiets erreicht hat? Wenn ein junger Hund seine erste Verbellanzeige macht? Oder vielleicht, wenn ein Mantrailer es schafft, eine mehrere Tage alte Spur aufzunehmen und zumindest einmal anzuzeigen, in welche Richtung die gesuchte Person gegangen ist?
Was ist das Kriterium, an dem gearbeitet werden soll? Wurde es in dieser Trainingseinheit erfüllt oder nicht, wurde es vielleicht sogar übererfüllt? Man sollte sich also vorher immer darüber bewusst sein, was beim eigenen Hund eine besonders gute Leistung ist.

Belohnungen mit verschiedenem Wert sollten auch immer richtig eingesetzt werden. Nach dem Prinzip der **Verhaltensformung** können wir je nach gezeigter Leistung des Hundes – und zwar abhängig davon, ob und wie er das Kriterium erfüllt hat, an dem wir gerade arbeiten – unterschiedlich intensiv und umfangreich belohnen. Mit Futter ist dies besonders einfach, aber auch beim Spielen spricht nichts dagegen, eine besonders gute Leistung des Hundes mit einem besonders langen, ausgiebigen und vielleicht auch besonders intensiven Spiel zu belohnen.

Natürlich muss man – wie immer – aufhören, bevor der Hund keine Lust mehr hat, damit das Spiel für den Hund interessant bleibt. Außerdem muss das Erregungslevel des Hundes genau beobachtet werden, damit er nicht zu sehr „aufdreht".

Ein Sonderfall: Der Jackpot

Analog zum Lotto-Hauptgewinn für uns Menschen bezeichnet ein **Jackpot** im Hundetraining eine sehr große und sehr hochwertige Belohnung, die plötzlich und unverhofft auftaucht. Für den Hund funktioniert das genau wie ein Glücksspiel: Man spielt immer weiter und setzt immer neue Einsätze – in der Hoffnung, einmal das ganz große Los zu ziehen und dann für allen bisherigen Aufwand großzügig belohnt zu werden.

Im Hundetraining ist die effektive Wirkung eines Jackpots umstritten bzw. es ist nicht ganz klar, ob sich der Hund davon wirklich nachhaltig begeistern lässt oder ob er sich nur aufgrund des Überraschungseffekts kurze Zeit danach sehr viel mehr anstrengt und deswegen bessere Leistung bringt. Fest steht, dass ein zu häufiger Einsatz des Jackpots dessen bestärkende Wirkung naturgemäß deutlich abschwächt.

Eine Möglichkeit, den Jackpot sinnvoll einzusetzen, wäre zum Beispiel nach einem unverhofften Leistungssprung des Hundes. Danach muss die Trainingseinheit allerdings beendet werden, damit die extrem positive Wirkung des Jackpots bis zum nächsten Training nachwirken kann. Macht man nach der „Sonderbelohnung" wieder auf normalem Belohnungsniveau weiter, besteht die Gefahr, dass wir den Hund damit enttäuschen, und die positive Wirkung des Jackpots wäre verpufft.

Um dem Hund aus der Ferne im passenden Moment zu vermitteln, dass er genau das Richtige gut, ist ein sekundärer Bestärker notwendig.

Sekundäre Bestärker

Wie bereits dargelegt, verknüpfen Hunde beim Lernen also Dinge miteinander, die zeitgleich stattfinden. Wollen wir das Verhalten des Hundes nun über dessen Konsequenzen steuern, indem wir erwünschtes Verhalten belohnen, müssen wir diese Bedingung der Zeitgleichheit auf jeden Fall einhalten, um unerwünschte Fehlverknüpfungen zu vermeiden. Hat sich der junge Hund beispielsweise auf „Platz“ brav hingelegt, muss die Belohnung dafür sofort erfolgen, solange er noch im Platz liegt. Sind wir mit dem Belohnen etwas langsam und der Hund ist inzwischen schon wieder aufgesprungen, belohnen wir nämlich nicht das Platz, sondern das Aufstehen.

Damit eine Verknüpfung zuverlässig hergestellt werden kann, müssen das Verhalten und die Konsequenz also unmittelbar aufeinander folgen. Unmittelbar bedeutet in diesem Fall: Wir haben höchstens eine halbe Sekunde Zeit, um die Belohnung hervorzuholen und sie dem Hund zu geben. Das ist selbst für geschickte Menschen kaum zu schaffen. Manche Leute versuchen sich zu behelfen, indem sie die Belohnung schon „feuerbereit“ in der Hand halten, während der Hund das Verhalten zeigt. Das löst zwar das **Timing**-Problem, ist aber insofern problematisch, als der Hund unweigerlich Fehlverknüpfungen bilden wird: Wenn ich mich hinlege, sobald das Signal „Platz“ ertönt **und** mein Mensch Futter in der Hand hat, hat dies angenehme Konsequenzen, das heißt, dann bekomme ich das Futter. Menschen, die diese Fehlverknüpfung versehentlich etabliert haben, behaupten dann in der Regel von ihrem Hund: „Er arbeitet nur, wenn ich Futter in der Hand habe.“ Stimmt – denn genau das hat man ihm (in diesem Fall übrigens mittels klassischer Konditionierung) beigebracht.
Bei diesem Verfahren wird der Hund außerdem mittels Bestechung trainiert und nicht mittels Belohnung. Zu dem Unterschied zwischen den beiden Begriffen später mehr.

RETTUNGSHUNDE-SPEZIAL

Im Rettungshundebereich sieht man dieses Verhalten oft bei Hunden, die beim Eintreffen an der Versteckperson diese zuerst einmal abschnüffeln und überprüfen, ob die Person auch wirklich die Belohnung bei sich hat, bevor sie anzeigen.

Daher ist beim Training darauf zu achten, dass der Lernvorgang möglichst „umweltneutral" stattfinden sollte, das heißt ohne viele andere eindrückliche Reize, die der Hund quasi automatisch mit aufnimmt und mit verknüpft. Erst wenn der Hund das gewünschte Verhalten sicher zeigt, sollte man die äußeren Umstände verändern, indem man Ablenkungen einbaut.

Nun haben wir aber immer noch unser anfängliches Problem, nämlich das **richtige Timing**. Die Lösung dafür ist ein Reiz, der die Zeitspanne zwischen dem erwünschten Verhalten und dem tatsächlichen Auftauchen des Bestärkers überbrückt. Daher nennen wir diesen Reiz ein **Brückensignal** oder – eher wissenschaftlich ausgedrückt – einen **sekundären Bestärker**.
Ein sekundärer Bestärker ist ein Reiz, der anfangs für den Hund neutral ist, das heißt, der im Hundehirn noch nicht mit irgendwelchen Gefühlen verknüpft ist. Durch zeitliche Koppelung mit einem primären Bestärker bekommt dieser sekundäre Reiz aber eine äußerst positive Bedeutung für den Hund. Wichtig dabei ist, diese Verknüpfung immer „warmzuhalten", auf einen sekundären Bestärker folgt also in aller Regel ein primärer Bestärker. Der sekundäre Bestärker dient lediglich dazu, die Zeitspanne bis zum Auftauchen des primären Bestärkers zu überbrücken. Er ist kein Bestärker an sich, sondern er kündigt ihn an.
Wir Menschen erleben dies zum Beispiel, wenn wir eine Gehaltsabrechnung bekommen. Das Stück Papier an sich ist so gut wie wertlos, aber es transportiert für uns die Information, dass die tatsächliche Bestärkung (nämlich das Geld) bald auf unserem Konto landen wird.
Im Hundetraining können wir den sekundären Bestärker einsetzen, um das erwünschte Verhalten zeitlich sehr exakt zu markieren und dem Hund damit zu vermitteln: Das, was du jetzt gerade in genau diesem Moment machst, ist richtig – Belohnung kommt gleich. Daher wird diese Art der Ausbildung auch **Markertraining** genannt.

Habe ich dem Hund beispielsweise durch **klassische Konditionierung** beigebracht, dass nach dem sekundären Bestärker immer etwas Gutes, zum Beispiel ein Leckerchen folgt, kann ich den Marker in allen Situationen einsetzen, in denen der Hund etwas Erwünschtes tut. Gleichzeitig löst der sekundäre Bestärker im Hund gute Gefühle aus, da dieses Geräusch nicht nur die Belohnung ankündigt, sondern ihm auch signalisiert, dass er mit seinem Verhalten auf dem richtigen Weg ist.
Im sozialen Bereich kann man dies zum Beispiel einsetzen, um den Hund durch schwierige Situationen mit anderen Hunden zu „coachen". Für primäre Bestärker wie Leckerchen hat er nämlich in diesem Moment keine Zeit. Aber ein richtig platzierter sekundärer Bestärker tut es in diesem Fall ebenso.

RETTUNGSHUNDE-SPEZIAL

Dies ist auch der Grund, warum viele Hunde zwar während der Anzeige den gewünschten Abstand von der Versteckperson einhalten. Sobald diese sich aber bewegt, um die Belohnung hervorzuholen, beginnen die Hunde doch zu bedrängen. Die Handbewegung – oder auch manchmal nur ein Blick der Versteckperson – bedeutet dem Hund „Das hast du gut gemacht, Belohnung kommt gleich" und schon beginnt der Hund, seine Nase in Richtung Tasche oder Futterhand zu stecken. Kein Wunder, dass dieses Verhalten auf die Dauer immer stärker wird, wenn er dafür tatsächlich dann auch noch belohnt wird!

Verschiedene Arten von sekundären Bestärkern

Im Grunde ist jeder Reiz, den der Hund wahrnehmen kann und der anfangs für ihn neutral ist, als sekundärer Bestärker geeignet. Manche Hunde sind auch auf mehrere sekundäre Bestärker konditioniert, die man je nach Situation passend einsetzen kann. Es empfiehlt sich, das Repertoire an sekundären Verstärkern laufend zu erweitern, zum Beispiel durch Händeklatschen, Berührungen oder Augenblinzeln. Dadurch bleibt das Training für den Hund spannend, weil er nie weiß, was als Nächstes kommt, und die Verstärker sind wirkungsvoller, denn sie hinterlassen einen intensiveren Eindruck beim Hund. Dies erlaubt uns zum Beispiel im Obedience, wobei viele Verhaltensweisen in kurzer Zeit abgefragt werden, die Trainingseinheit interessant zu gestalten, da wir viele verschiedene Bestärker zur Hand haben.

Akustische Reize

Am häufigsten eingesetzt wird wohl der akustische Reiz. Dies kann ein gesprochenes Wort oder ein bestimmtes Geräusch sein. Wichtig ist, dass es sich für den Hund klar wahrnehmbar von anderen akustischen Signalen unterscheidet. Ein im Alltag häufiges Wort wie „Hallo" wäre also hier weniger geeignet als „Ticktack" oder auch „Click". Wichtig ist hierbei, mit neutraler Stimme zu sprechen, um möglichst wenige Emotionen zu transportieren. Das erleichtert das Training in schwierigen Situationen, da der Hund dann nicht von Gefühlen des Menschen beeinflusst wird, die unweigerlich in jedem Wort mitschwingen, das wir aussprechen.

Daher ist ein neutrales Geräusch üblicherweise besser geeignet als ein gesprochenes Wort. Schon seit längerer Zeit haben sich dafür die sogenannten Clicker durchgesetzt. Ein Clicker ist im Grunde nichts anderes als ein Knackfrosch, das Kinderspielzeug, welches beim Druck auf eine Metallzunge ein knackendes Geräusch hervorruft. Dieses Clicken ist für normal gesunde Hunde auch über größere Distanzen (mehrere zig Meter) problemlos zu hören. Mittlerweile gibt es eine große Auswahl an Clickern zu kaufen und jeder sollte selbst herausfinden, mit welchem Modell er am besten zurechtkommt.

Hat man einen geräuschempfindlichen Hund, kann man das scharfe Knacken eventuell etwas dämpfen oder den Deckel eines Schraubglases verwenden. Ist gerade kein Clicker zur Hand oder braucht man beide Hände, um zum Beispiel einen großen Hund festzuhalten, kann man notfalls auch auf ein Zungenschnalzen zurückgreifen, wie es im Pferdetraining verwendet wird. Allerdings zeigt sich auf Dauer, dass das Timing beim klassischen „Daumenclicker“ besser ist.

Optische und taktile Reize

Für Hunde, die schwerhörig oder taub sind, kann man auch andere sekundäre Bestärker verwenden. Es eignet sich dafür zum Beispiel ein Lichtblitz einer Taschenlampe, den man ganz normal mit dem primären Bestärker verknüpft, und ihn dann als „optischen Clicker“ einsetzt. Außerdem gibt es spezielle Halsbän-

RETTUNGSHUNDE-SPEZIAL

Im Rettungshundebereich gibt es fast unendlich viele Einsatzmöglichkeiten für den sekundären Bestärker. Als eines von vielen Beispielen sei hier der Mantrailing-Hund genannt, der beim Start auf Anhieb die richtige Richtung einschlägt und vom Hundeführer – oder der Begleitperson, die über den Trailverlauf Bescheid weiß – sofort punktgenau dafür bestätigt werden kann. Da ich beim Trailen in der Regel keine Hand frei habe, sage ich in diesen Situationen einfach das Wort „Click“. Der Hund dreht sich dann übrigens nicht um, um sich sein Leckerchen abzuholen, sondern der primäre Bestärker besteht in diesem Fall darin, dass der Hund weitersuchen darf, was für diesen ganz bestimmten Hund eine sehr hochwertige Belohnung darstellt.

der, bei denen über eine Fernbedienung ein Vibrieren ausgelöst werden kann, was für den Hund taktil wahrnehmbar ist. Je nach technischem Standard gibt es hier allerdings eine Auslöseverzögerung, die das Timing verschlechtern und dadurch das Training erheblich erschweren kann.

(Anmerkung: Diese Geräte dürfen nicht mit den sogenannten Elektroreizgeräten verwechselt werden, die nach demselben Prinzip funktionieren, dem Hund aber auf Knopfdruck einen elektrischen Schlag versetzen und ihn somit für unerwünschtes Verhalten bestrafen sollen. Der Einsatz solcher Elektrohalsbänder ist in Deutschland schon seit längerer Zeit aus gutem Grund verboten.)

Das Keep-Going-Signal

Der größte Vorteil eines sekundären Bestärkers liegt also in seiner zeitlichen Präzision und in seiner Neutralität, die dem Hund einfach nur die Information liefert, dass das jetzt gezeigte Verhalten richtig war, und sich somit auf das Wesentliche konzentriert. (Natürlich ist es dem Menschen unbenommen, sich trotzdem über den Lernfortschritt seines Hundes zu freuen und dem Hund das auch zu zeigen. Kritiker, die die „Seelenlosigkeit" des Markertrainings bemängeln, haben in aller Regel das Prinzip nicht verstanden.)

Aber der sekundäre Bestärker kann noch mehr. Wir können ihn beispielsweise einsetzen, wenn der Hund ein Verhalten über längere Zeit zeigen soll, wie zum Beispiel beim Bei-Fuß-Gehen. Das Besondere daran ist, dass wir den sekundären Bestärker während der Fuß-Übung immer wieder zwischendurch geben können, ohne dass darauf zwangsläufig jedes Mal ein primärer Bestärker folgen muss. Er dient in diesem Fall als sogenanntes **Keep-Going-Signal** (übersetzt etwa: Weitermachen-Signal) und liefert dem Hund die Information: Das, was du jetzt gerade tust, ist sehr gut, mach so weiter und irgendwann kommt der primäre Bestärker, das heißt die tatsächliche Belohnung.
Der Vorteil dieses Verfahrens liegt auf der Hand, da der Übungsfluss nicht nach jedem Einsatz des sekundären Bestärkers unterbrochen wird. Es ist allerdings sinnvoll, für das Keep-Going-Signal einen zweiten sekundären Bestärker zu etablieren. Normalerweise erwartet der Hund nach einem sekundären Bestärker immer einen primären Bestärker. Folgt dieser nicht, wird das Verhalten auf Dauer seltener gezeigt werden, da der sekundäre Bestärker seine „Kraft" verliert. Wir als Menschen werden uns auch nur noch sehr mäßig für unsere Gehaltsabrechnung interessieren, wenn der primäre Bestärker (nämlich das Geld) nicht tatsächlich einige Tage später auf unserem Konto landet.

RETTUNGSHUNDE-SPEZIAL

Bei der Verbellanzeige liegen die Vorteile des sekundären Bestärkers klar auf der Hand: die absolute Präzision und die Möglichkeit, mit dem Keep-Going-Signal den Zeitpunkt für den primären Bestärker immer weiter hinauszuzögern. Schließlich muss der Hund im Ernstfall in der Lage sein, auch einmal einige Minuten lang durchgehend zu bellen, bis sein Hundeführer bei ihm ist.
Bei der Gerätearbeit können wir das Keep-Going-Signal einsetzen, sobald der Hund auf dem Gerät seine Pfoten richtig setzt. Viele Hunde sind auf den Geräten recht unsicher und werden zusätzlich noch hektischer, sobald man mit primären Belohnungen wie Leckerchen hantiert.

Beim Hundetraining sollten wir also einen weiteren sekundären Bestärker konditionieren, der dem Hund signalisiert „Prima, mach weiter, Belohnung kommt später“. Oft werden dabei bestimmte Laute eingesetzt wie „Lalalalala“, „Guuuut“ oder Ähnliches. Aber auch kleine körpersprachliche Signale sind als Keep-Going-Signal geeignet, wie ein kleines Lächeln, Blinzeln oder ein Kopfnicken. Dies ist besonders bei Prüfungen hilfreich, wo normalerweise keine Körper- oder Stimmhilfen erlaubt sind. Haben wir ein kleines, ganz unauffälliges Signal richtig antrainiert, können wir den Hund mit etwas Übung durch die ganze Prüfung lotsen, ohne ein einziges Leckerchen zu benötigen. Das Keep-Going-Signal wird immer dann eingesetzt, wenn der Hund ein Verhalten über längere Zeit zeigen soll, wie zum Beispiel auf einer Decke zu liegen oder auch einfach still zu halten, während das Fell gepflegt wird.

Die Intermediäre Brücke

Sie wird eingesetzt, wenn der Hund gerade auf dem Weg zu dem gewünschten Verhalten ist. Beispielsweise soll der Hund zu seiner Decke gehen und sich darauf legen. Sobald er sich auf den Weg in Richtung Decke macht, kommt die **Intermediäre Brücke** zum Einsatz und signalisiert dem Hund „Du bist auf dem richtigen Weg“. Der Unterschied zum zuvor beschriebenen Keep-Going-Signal ist nicht immer ganz offensichtlich und in der alltäglichen praktischen Arbeit mag diese Diskussion auch als ein akademisches Problem erscheinen. Vielleicht handelt es sich auch einfach nur um mangelnde Klärung der Begrifflichkeiten und im Grunde meinen beide Bezeichnungen dasselbe Verfahren. Wie auch immer, der Vollständigkeit halber sei es hier erwähnt.

Ungewollte sekundäre Bestärker

Vorweg sei gesagt, dass sich die „versehentliche" Konditionierung zusätzlicher sekundärer Bestärker nicht immer ganz vermeiden lässt: Dem Auftauchen des primären Bestärkers, wie Futter oder Spielzeug, geht notwendigerweise ein Griff zur Tasche voraus, der damit quasi automatisch zum sekundären Bestärker wird. Jeder Hundebesitzer kennt das Phänomen, dass sein Hund sofort aus tiefstem Schlaf erwacht, sobald in der Küche die Leckerchendose klappert. Denn dieses Geräusch kündigt mit fast hundertprozentiger Sicherheit das Auftauchen eines primären Bestärkers (Leckerchen) an. Allerdings kann man – nach dem Motto: Gefahr erkannt, Gefahr gebannt – das Risiko solcher unabsichtlichen sekundären Bestärker wenn auch nicht ganz ausschalten, so doch zumindest verringern. Wichtig ist, dass man sich zu jedem Zeitpunkt des Trainings darüber klar ist, was man da gerade tut. Eine sorgfältige Planung erleichtert den Überblick und die kritische Nachbereitung ebnet den Weg für die nächste erfolgreiche Trainingseinheit. Grundsätzlich sollte man als Mensch darauf achten, sich beim Training ruhig zu verhalten und wenig zu bewegen, um möglichst wenige unbewusste Signale auszusenden. Machen wir uns wiederum bewusst, dass Hunde hierfür besonders empfänglich sind. Möchten wir zum Beispiel die Geruchsunterscheidung mit verschiedenen Teesorten üben,

FALLBEISPIEL

Auch absichtlich antrainierte Signale können unter bestimmten Umständen als sekundäre Bestärker wirken. Ich hatte meiner Laufhündin beigebracht, auf einen bestimmten Pfiff sofort zu kommen. Dafür – und nur dafür – bekam sie zuverlässig immer ihren geliebten Ball. Nun stellte ich allerdings fest, dass die Hündin immer dann, wenn sie den Pfiff erwartete, begann, von mir wegzulaufen. Dabei sah sie sich immer wieder um und wartete offensichtlich auf den Pfiff. Was war geschehen? Ich hatte den Pfiff unbewusst und ungewollt als sekundären Bestärker etabliert, und zwar für den primären Bestärker, den Ball. Jedes Mal, wenn ich den Pfiff einsetzte, bestärkte ich dadurch das Verhalten, das der Hund in genau diesem Moment gezeigt hatte – in aller Regel nämlich das Weglaufen.

RETTUNGSHUNDE-SPEZIAL

Die erste Bewegung der Versteckperson kündigt dem Hund an, dass die Belohnung bald kommt. Hier erhöht sich die Gefahr des Bedrängens, da der sekundäre Bestärker normalerweise das erwünschte Verhalten beendet. Dies wird umso schlimmer, als auf die erste Bewegung der Versteckperson der Hund zu bedrängen beginnt und der primäre Bestärker dann tatsächlich auch zuverlässig auftaucht. Die Lösung besteht hier ganz einfach im gezielten Einsatz eines sekundären Bestärkers.

kann es für manche Hunde schon bestärkend wirken, wenn der Trainer nur den Atem anhält, sobald der Hund sich der richtigen Probe nähert.

Ein anderer, weit verbreiteter Fehler ist es außerdem, einen sekundären Bestärker als Lockmittel einzusetzen. Beispielsweise soll der Hund auf das Signal „Komm“ sofort zu seinem Besitzer laufen. Tut er dies nicht, hilft Herrchen ein wenig nach, indem er absichtlich mit der Leckerchentüte raschelt. Dieses Rascheln kündigt absolut sicher das Auftauchen des primären Bestärkers (Leckerchen) an und wirkt somit als sekundärer Bestärker. Der Hund kommt, um sich das Futter abzuholen. Bestärkt hat man damit allerdings nicht das Herkommen, sondern das Wegbleiben zuvor, denn das Verhalten „Wegbleiben“ wurde zu dem Zeitpunkt gezeigt, als der sekundäre Bestärker (Tütenrascheln) auftauchte. Somit wird sich der vermeintliche Ungehorsam des Hundes immer mehr verschlimmern.

Die Falsch-Information

Beim Training über positive Bestärkung orientieren wir uns, wenn es irgend möglich ist, an den erwünschten Verhaltensweisen des Hundes und belohnen diese. Manche Trainer finden es dennoch sinnvoll, beim Hund – sozusagen für das andere Ende der Skala – einen Reiz zu konditionieren, der ihm vermittelt, dass er auf dem falschen Weg ist. In der Literatur wird dieser Aspekt entweder als **NRM (Non-Reward-Marker)** oder auch als **LRS (Least Reinforcing Stimulus)** bezeichnet. Übersetzt bedeutet dies etwa das „Keine-Belohnung-Signal“ bzw. „der am wenigsten bestärkende Reiz“.

Ähnlich wie beim bereits angeführten Blindekuh-Spiel verwendet man dafür ein möglichst neutral gesprochenes „Falsch“ oder ein bedauerndes „Mh-mh“, das dem Hund die Information liefert: Du bist auf dem Holzweg. Versuche etwas anderes, um an die Belohnung zu kommen. Problematisch dabei ist allerdings die Frustration, die dadurch unweigerlich erzeugt wird. Lerntheoretisch kann man hier von einer positiven Strafe sprechen: Auf das Verhalten folgt eine unangenehme Konsequenz, indem der mit schlechten Gefühlen besetzte Reiz „Du machst es falsch“ hinzugefügt wird.

Als Hundeführerin eines Mantrailers empfinde ich es als extrem demotivierend, wenn ich auf dem Trail die Information erhalte, dass mein Hund und ich in der total falschen Richtung unterwegs sind – vor allem dann, wenn wir uns zuvor gehörig angestrengt haben, um einen möglichst guten Job zu machen. Daher ist sich die Fachwelt über den sinnvollen Einsatz eines LRS nicht ganz einig. Um die Frustration möglichst zu vermeiden, ist man heutzutage dazu übergegangen, den Hund bei unerwünschtem Verhalten für etwa 3 bis 5 Sekunden völlig zu ignorieren, das heißt, man bewegt sich möglichst nicht, spricht nicht und sieht den Hund auch nicht an. Nach Ablauf dieser Zeitspanne macht man eine ganz einfache Übung, die der Hund sicher beherrscht, wie zum Beispiel die Handfläche mit der Nase berühren. Natürlich wird diese Übung ganz normal bestärkt. Dann kann man mit dem eigentlichen Training weiter machen. Wenn es klappt, natürlich bestärken und im Plan fortfahren. Falls nicht, hat man wahrscheinlich im Aufbau etwas falsch gemacht und sollte sich den bisherigen Verlauf des Trainings noch einmal genau ansehen.

Erfahrungsgemäß liegt das Problem im zu raschen Vorgehen und das Überhasten bringt den Hund durcheinander. Der Vorteil dieser Vorgehensweise liegt darin, dass sie so wenig wie möglich aversiv wirkt, also möglichst wenig Unmut und Frust hervorruft. Gleichzeitig stellt sie für den Hund die gewünschte Information bereit, nämlich: So geht's nicht weiter, versuche etwas anderes.
Hunde setzen in der sozialen Interaktion übrigens relativ häufig den LRS ein. Wenn zum Beispiel beim Spielen ein Partner zu heftig wird und das Spiel zu kippen droht, stellt der andere das Spiel sofort ein.

Der LRS wird manchmal auch synonym mit dem Begriff **Time-out**, also **Auszeit**, gebraucht (siehe unten). Dieser Begriff ist allerdings im Bereich des Tiertrainings nicht klar definiert. Beispielsweise darf die Auszeit im Sinne eines LRS nicht mit dem völligen Abbruch der Trainingseinheit verwechselt werden, die manchmal auch als Time-out bezeichnet wird. Grundsätzlich gilt jedoch in diesen Situationen: Der Trainer sollte so wenig bestärkend wie möglich auf den Hund wirken, das heißt, er sollte jede Verhaltensänderung vermeiden, wenn es irgendwie geht.

Je nach Situation kann ein „Einfrieren“ der Bewegungen angebracht sein oder auch nicht. Ob und wie es funktioniert, sieht man am Verhalten des Hundes. Haben sich unerwünschte Verhaltensweisen bereits etabliert, gibt es Möglichkeiten, diese wieder zu „löschen“. Je nach Situation muss man dazu allerdings ein paar Dinge beachten, die über den reinen LRS hinausgehen. Details dazu sind im entsprechenden Kapitel (siehe Seite 150 f.) nachzulesen.

Die Auszeit

In seltenen Fällen kann man einen Trainingsabbruch als negative Strafe anwenden. Allerdings müssen hier die Kriterien für regelgerechtes Strafen beachtet werden und daher ist es sehr schwierig, die sogenannte **Auszeit** (auch **Time-out** genannt) als Werkzeug im Training effektiv einzusetzen.
Zum einen ist da das **Timing-Problem**. Um einen sinnvollen zeitlichen Zusammenhang zwischen dem unerwünschten Verhalten und der Strafe herzustellen, müsste die Konsequenz ja innerhalb kürzester Zeit erfolgen. Dies ist im normalen Trainingsablauf nur schwer zu bewerkstelligen, denn selbst wenn man sich als Mensch blitzschnell für einen Time-out entscheidet, dauert es ja zumindest einige Sekunden, die räumliche Trennung vom Hund herzustellen. Auch ist der inhaltliche Zusammenhang zwischen dem Fehlverhalten und der Strafe in der Regel nicht vorhanden und das macht es für den Hund quasi unmöglich, eine sinnvolle Verknüpfung herzustellen, sodass die Strafe überhaupt als solche wirken kann.
Außerdem verursacht die räumliche Trennung vom Trainings- und Sozialpartner gerade in schwierigen Situationen **Stress**, der das Lernen ebenfalls behindert oder vielleicht sogar völlig unmöglich macht. Je nachdem, in welcher Situation die Auszeit angewendet wird, kann sie unter Umständen sogar bestärkend für das unerwünschte Verhalten wirken, indem sie den Hund nämlich aus einer unangenehmen Situation befreit.
Nehmen wir als Beispiel hier einen Hund, mit dem wir bestimmte physiotherapeutische Übungen trainieren möchten, die für ihn körperlich etwas unbequem sind (zum Beispiel durch gezielten Händedruck auf einzelne Muskelgruppen). Der Hund zappelt aber nur herum und konzentriert sich überhaupt nicht auf das Training. Wenden wir an dieser Stelle eine Auszeit an, belohnen wir ihn noch dafür, da die unangenehme Manipulation ja aufhört.
Insgesamt gibt es nur einige wenige Beispiele, in denen ein Time-out angebracht sein kann. Hunde wenden diesen „Kunstgriff“ zum Beispiel in Spielsituationen an, die aus dem Ruder zu laufen drohen. Wird das Spiel zu wild und droht zu kippen, wird ein sozial kompetenter Hund die Aktivität einfach total einstellen und das Spiel abbrechen. Wir können dies bei der Grunderziehung des Welpen

ebenso handhaben. Packt der Welpe mit seinen spitzen Milchzähnen zu fest zu, schreien wir (ruhig etwas übertrieben) auf und beenden das Spiel sofort – möglichst ohne weitere Emotionen zu zeigen und den Hund dadurch in Stress zu bringen. Ob man dabei aus dem Zimmer geht oder nicht, muss je nach Situation entschieden werden. Auf jeden Fall können wir uns demonstrativ anderen Dingen zuwenden und den Hund dabei völlig ignorieren. Er wird sich alsbald beruhigen und wir können mit dem Training fortfahren.

Es ist allerdings sinnvoll, nach einem Time-out eine etwas andere Aufgabe vom Hund zu verlangen als vorher, sonst besteht die Gefahr, gleich wieder in dieselbe Situation zu geraten, und dann hat man nichts gewonnen. Es empfiehlt sich, eine relativ einfache Übung abzufragen, die der Hund bereits sicher beherrscht (zum Beispiel Blickkontakt zum Menschen aufnehmen und halten) und die man dann ganz normal bestärken kann. Auch erwünschtes Alternativverhalten, das der Hund während der Auszeit zeigt, sollte man positiv markieren, um dem Hund mitzuteilen, was er tun soll, und ihn möglichst nicht im Unklaren zu lassen.

Wie lange der Time-out dauern sollte, ist an dieser Stelle nur schwer zu beantworten. Hat man einen Welpen einer leicht erregbaren Rasse, sollte man nach der abrupten Beendigung eines zu wilden Spiels auf jeden Fall warten, bis der Hund sich vollständig beruhigt hat. Dies kann durchaus eine Viertelstunde dauern. Manchen Hunden helfen auch der Aufenthalt an einem ruhigen Ort wie in ihrer Box und/oder die Beschäftigung mit einem Kauartikel, um „herunterzufahren" und wieder aufnahmefähig zu werden. Falls das Problem öfter auftritt, ist natürlich auch hier eine gründliche Problemanalyse nötig.

RETTUNGSHUNDE-SPEZIAL

Bei Rettungshunden kann eine Auszeit realisiert werden, indem man die Suche einfach unterbricht, die Kenndecke bzw. das Suchgeschirr auszieht, den Hund anleint und ihn kommentarlos ins Auto bringt. Ich habe diese Maßnahme als nützlich in solchen Situationen erfahren, in denen der Hund offenbar gar nicht sucht, sondern nur unkonzentriert herumrennt. Ob der Hund dies nun tatsächlich als Strafe empfindet, sei dahingestellt, aber auf jeden Fall können wir so verhindern, dass er auf diese Art und Weise letzten Endes doch noch bei der Versteckperson ankommt und auch noch die Belohnung einheimst.

Bei der Verbellanzeige muss das richtige Verhalten geformt werden. Dazu gehören ein gewisser Abstand zur Versteckperson und anhaltendes Bellen.

Shaping – Verhalten formen

Möchte man nun damit beginnen, dem Hund etwas Neues anzutrainieren, ist es unerlässlich, sich vorher genau zu überlegen, was man am Ende haben möchte bzw. wie das gewünschte Verhalten aussehen soll. Die Kernfrage, an der wir uns stets orientieren, lautet: Was soll der Hund tun? Welches Verhalten soll er zeigen? Diese Frage sollte man sich vor Beginn des Trainings stellen und sie ruhig auch explizit beantworten. Dann zerlegt man den Weg dorthin in möglichst kleine Teilschritte und schreibt sich diese idealerweise auch auf, um stets einen Überblick über den Trainingsverlauf und die Fortschritte zu haben.

Für das prüfungsmäßige Bei-Fuß-Gehen könnte man als Zielangabe zum Beispiel notieren: Der Hund soll in derselben Geschwindigkeit wie ich auf meiner linken Seite gehen. Dabei soll er mit seiner rechten Schulter mein linkes Knie berühren und dabei in mein Gesicht schauen. Diese präzise Beschreibung kann je nach Wunsch abgewandelt werden, wie etwa: Seine rechte Schulter soll immer auf Höhe meines linken Knies sein, und zwar in einem Abstand von 10 cm. Auch das Anschauen des Hundeführers kann je nach Wunsch trainiert werden oder auch nicht. Wichtig ist, sich darüber im Klaren zu sein, was man haben möchte. Dies gilt besonders für komplexere Abläufe. Beim Apport zum Beispiel soll der

RETTUNGSHUNDE-SPEZIAL

*Bei der **Verbellanzeige** soll der Hund innerhalb einer gewissen Distanz zur Versteckperson (Definieren!) verharren und dabei anhaltend bellen, dabei soll er sich mit dem Kopf Richtung Versteckperson befinden (oder auch nicht? Definieren!), er soll dabei stehen, sitzen oder liegen (Wo genau? Am Kopf der Versteckperson oder an deren Füßen? Definieren!) oder um die Person herumlaufen.*
*Beim **Voran** soll der Hund schnell (Wie schnell? Trab oder Galopp?) in die vom Hundeführer vorgegebene Richtung laufen und sich auf Kommando sofort hinlegen (mit Blick in Laufrichtung oder zum Hundeführer?). Bei der **Gerätearbeit** soll der Hund in mäßigem Tempo die Leiter hinaufsteigen, dabei eine Pfote nach der anderen setzen, und zwar auf die Sprossen (und nicht auf die Holme).*

Hund das Dummy suchen, finden, unverzüglich aufnehmen und damit direkt zum Hundeführer zurücklaufen. Dabei soll er das Dummy mittig und mit mäßigem Kieferdruck halten. Vor dem Hundeführer soll er sich hinsetzen und auf Signal das Dummy auslassen.

Am Anfang einer neuen Trainingseinheit ist es wichtig, auch schon die kleinsten Ansätze des Hundes in die gewünschte Richtung zu beobachten und zu bestärken. Man nennt dies **„Behaviour catching“**, das Einfangen des gewünschten Verhaltens. Genaues Hinsehen ist also unerlässlich. Um ein möglichst optimales Timing zu erreichen, empfiehlt es sich aus den bereits besprochenen Gründen, einen **sekundären Bestärker** zu verwenden.
Jeder Teilschritt wird dabei wie eine einzelne Übung behandelt. Hat man eine Etappe erarbeitet, wird diese erst einige Male wiederholt (und natürlich jedes Mal bestärkt), bevor man zum nächsten Schritt geht. Wenn wir dem Hund beispielsweise beibringen wollen, auf seinen Platz zu gehen, wird anfangs schon der kleinste Ansatz des Hundes bestärkt, sich in die richtige Richtung zu bewegen. Hat er seine Decke dann erreicht (indem er sie mit mindestens einer Pfote berührt), übt man das bisher erarbeitete Verhalten „zur Decke gehen und diese mit der Pfote berühren“ ein paar Mal, bevor man den nächsten Schritt in Angriff nimmt.
Mit dem Begriff nächster Schritt ist gemeint: Das bisherige Verhalten reicht ab sofort nicht mehr aus, um eine Belohnung zu bekommen. Der Hund muss also etwas verändern und mit etwas Übung in diesem Verfahren wird er das auch sehr schnell tun, das heißt, er wird neue Varianten anbieten. In unserem Beispiel mit der Decke kann er anbieten, anstatt nur einer jetzt mehrere Pfoten auf die Decke zu setzen, was wir dann natürlich belohnen. Wichtig dabei ist, dass das Training so kleinschrittig aufgebaut ist, dass der Hund möglichst viele Chancen hat, sich Belohnungen zu verdienen. Nur so bleibt er motiviert.

Die Arbeit an einzelnen Kriterien

Nun kann man beginnen, das Verhalten durch gezieltes Bestärken allmählich in die gewünschte Richtung zu „formen“. Allerdings muss man bei den nächsten Lernschritten unbedingt darauf achten, immer nur an einem Detail bzw. einem **Kriterium** auf einmal zu arbeiten. Möchte man beispielsweise dem Hund das Bleiben an einer bestimmten Stelle beibringen, geht es anfangs darum, **entweder** die Dauer des Verweilens **oder** die Entfernung zwischen Hund und Mensch **oder** das Bleiben unter Ablenkung zu üben. Um hier ganz präzise vorzugehen, empfiehlt es sich, zuerst ein Kriterium fertig zu üben (Aufschreiben!) und dann erst mit der Arbeit am nächsten Kriterium zu beginnen.

RETTUNGSHUNDE-SPEZIAL

Im Rettungshundebereich müssen gerade bei der Suchaufgabe verschiedene Schwierigkeitsgrade beachtet werden: Hat man ein schwieriges Gelände (zum Beispiel mit vielen Dornen), sollten beim Aufbau des jungen Hundes die anderen Kriterien, die der Hund bei der Suche bewältigen muss, relativ einfach gehalten werden. Man wird in diesem Fall also nicht noch schwierige Verstecke und eine große Suchdistanz einbauen. Andere Kriterien, die bei der Planung beachtet werden müssen, sind die sogenannten „Opferbilder", also Versteckpersonen, die in irgendeiner Weise von der Norm abweichen, oder die Ablenkung durch Spaziergänger oder durch andere Hunde.

Soll der Hund als Vorbereitung auf die Begleithundprüfung bei der Aufgabe „Bleib" also am Ende zehn Minuten am Stück liegen bleiben, während sein Hundeführer außer Sicht ist und außerdem noch andere Hunde anwesend sind, beginnt man praktischerweise zuerst mit der zeitlichen Ausdehnung. Hat man dieses Kriterium bis zur gewünschten Zeitspanne bearbeitet, kann man als Nächstes die Entfernung des Hundeführers dazunehmen. Hierbei sollte man aber beim ersten Kriterium die **Anforderungen** etwas zurücknehmen, also bei mehr Entfernung des Menschen nicht gleich die volle Zeitspanne verlangen, sondern wieder mit einer kurzen Zeitspanne beginnen. Ist das neue Kriterium „Entfernung" dann fertig etabliert, geht das Erweitern des Kriteriums „Zeit", das ja bereits zuvor geübt wurde, relativ schnell, sodass man hier nicht noch einmal ganz von vorne beginnen muss. Auch beim neuen Kriterium „Ablenkung" muss man zunächst Abstriche bei den anderen Kriterien „Zeit" und „Entfernung" machen.

Der Aufbau in Intervallen

Jedem Menschen, der sich einmal mit Ausdauersport beschäftigt hat, ist der Begriff des **Intervalltrainings** vertraut. Er besagt, bei der Ausbildung die Anforderungen stets zu variieren, also auch einmal etwas weniger zu trainieren, als man tatsächlich schaffen könnte. Die gezielte Abwechslung zwischen Anstrengung und Erholung stellt insofern einen starken Trainingsreiz dar, als man dem

RETTUNGSHUNDE-SPEZIAL

Am Ende eines mehrtägigen Lehrgangs wird ein guter Ausbilder keine Höchstleistungen mehr von den Teilnehmern verlangen. Menschen und Hunde haben sich in den vergangenen Tagen angestrengt und sind müde. Daher empfiehlt es sich, die Veranstaltung mit einer relativ einfachen Übung zu beenden, damit alle Beteiligten noch einmal ein Erfolgserlebnis haben, das sie mit nach Hause nehmen können.

Organismus nach einer großen Anstrengung (wie nach einem anspruchsvollen Training) nicht die Gelegenheit gibt, sich vollständig davon zu erholen, sondern dass man nach relativ kurzer Zeit wieder ein Training ansetzt, was aber von den Anforderungen her nicht so hoch angesetzt ist wie das letzte.

Bei der Hundeausbildung machen wir es ganz genauso. Hat der Hund einen neuen oder großen Lernschritt erfolgreich bewältigt, werden wir beim nächsten Training die Messlatte ein klein wenig niedriger ansetzen. Bleiben wir bei dem Beispiel der Bleib-Übung und nehmen wir an, der Hund hat erstmals 60 Sekunden am Stück ruhiges Abliegen geschafft. Natürlich werden wir ihn dafür fürstlich belohnen und erst einmal eine kleine Pause machen. Dann wiederholen wir die Übung, belohnen aber diesmal bereits nach 40 Sekunden, beim nächsten Mal nach 50, dann nach 70, dann wieder nach 55 usw. (Aufschreiben!). So können wir die Anforderungen etappenweise steigern. Der Vorteil dieses Verfahrens liegt darin, den Hund nicht immer bis zu seiner Belastungsgrenze zu fordern, denn dies erzeugt auf die Dauer Stress und Fehlleistungen, sodass die gefürchteten Einbrüche unvermeidlich sind. Außerdem bleibt das Training für den Hund interessant und spannend, wenn er nie genau weiß, wie lange er denn diesmal liegen bleiben muss, um die begehrte Belohnung zu bekommen.

Was tun, wenn's nicht klappt?

In aller Regel liegt der Fehler im überhasteten Vorgehen, das heißt im fehlerhaften Aufbau und daher letztlich in schlechter oder fehlender Planung des Trainings. In diesen Fällen geht man einfach wieder zurück auf das Niveau, das man

bereits sicher erarbeitet hatte. Man verlangt vom Hund eine Übung, die bestimmt klappt, und arbeitet dann von dort aus weiter. Merkt man, dass der Übungsverlauf wieder in dieselbe Richtung wie vorher abzudriften droht, sollte man das Training einstellen und einen anderen Trainer befragen. Oft merkt man gerade in problematischen Situationen selbst gar nicht, was man denn da eigentlich gerade tut, das heißt, wofür man den Hund wie belohnt. Alternativ kann man dieser „Betriebsblindheit“ auch durch eine Videoanalyse abhelfen.
Grundsätzlich muss man sich darüber im Klaren sein, dass bei jedem Training, egal wie man es anstellt, auch immer klassische Konditionierung, zum Teil sogar mehrfach, stattfindet. Dies lässt sich nicht vermeiden und ist in der bereits beschriebenen Tatsache geschuldet, dass Hunde immer alle Reize, die zum Zeitpunkt des Lernens anwesend waren, mit der Konsequenz ihres Verhaltens quasi automatisch mitverknüpfen. Bob Bailey fasst dies in dem Spruch zusammen: *„Pavlov is always on your shoulder“*, das soll heißen, der Entdecker der klassischen Konditionierung, Ivan Pavlov, hat immer seine Finger mit im Spiel.
Ein Beispiel dafür sind die angenehmen Gefühle wie Freude, Stolz, Begeisterung oder auch Neugier, die gutes Training mit sich bringt und die dazu beitragen, dass der Hund immer noch mehr trainieren und lernen möchte. Dies wiederum erleichtert das zukünftige Training; es wird damit sozusagen zum Selbstläufer. Andererseits wird dadurch erklärt, warum unerwünschte Verhaltensweisen beim Training über Strafe oft immer schlimmer werden: Der Stress, den Hund und Mensch bei dieser Art der Ausbildung unweigerlich haben, wird bei beiden mitkonditioniert und entsteht in Zukunft in jeder derartigen oder ähnlichen Situation quasi automatisch. Ein weiterer Grund, auf aversive Trainingsmethoden zu verzichten!

Über den Einsatz von konstanten und variablen Belohnungen

In vielen Trainingsbüchern liest man, dass ein fertig „geformtes“ Verhalten in Zukunft nicht mehr jedes Mal bestärkt werden darf, um es für den Hund interessant zu halten. Wenn er nie weiß, für welche Ausführung er die Belohnung tatsächlich bekommt, wird er das Verhalten umso eifriger zeigen. Dies ist theoretisch richtig und auch von Menschen bestens bekannt – schließlich lebt eine ganze Industrie von dem sogenannten Glücksspieleffekt. Bei jedem Loskauf ist man überzeugt, ganz nah am Hauptgewinn dran zu sein, und beim nächsten Mal klappt es ganz bestimmt! Also kaufen wir noch ein Los und noch eins ...
Das Problem der **variablen Bestätigung** beim Hundetraining besteht jedoch darin, dass der Hund durch das Shaping (= Formen) gelernt hat, sein Verhalten zu verändern, sobald die Belohnung ausbleibt. Geht man also von der Immer-

RETTUNGSHUNDE-SPEZIAL

Beim Anzeigen und Suchen empfiehlt sich dringend die ***Immer-Bestätigung****, da dies zu den besten Ergebnissen führt, das bedeutet, das Verhalten wird dann auch über längere Zeit am zuverlässigsten gezeigt. Außerdem gibt es in diesem Bereich so viele mögliche Varianten zu üben, dass man sich lieber darauf konzentrieren sollte, als am Belohnungsschema „herumzuschrauben".*

Bestätigung weg, wird der Hund der Meinung sein, es folge nun der nächste Lernschritt und er solle nun ein neues Verhalten ausprobieren. Dies geht zu Lasten des erarbeiteten Ergebnisses, denn dadurch verschlechtert sich unweigerlich die Qualität desselben. Außerdem sind die Umweltbedingungen, die uns täglich bei unserem Training begegnen, einfach zu verschieden und zu vielfältig, sodass man in der Regel gut damit beschäftigt sein wird, das einmal erarbeitete Verhalten einfach im normalen Alltag aufrechtzuerhalten. Die von mir sehr geschätzte Sabine Winkler sagte einmal dazu: *„Das Leben ist bunter..."* Die im Labor erarbeitete Theorie der variablen Bestätigung lässt sich also nicht so leicht auf die Praxis übertragen. Man muss einfach sehen, ob und wie sich das bei jeder einzelnen Übung umsetzen lässt und eventuell auch mal ein bisschen probieren. Im Gehorsamsbereich kann man variable Bestätigung dagegen erfolgreich anwenden bzw. man tut gut daran, den Hund damit bekannt zu machen, denn in der Prüfung sind keinerlei Belohnungen erlaubt. Hier ist die Grenze zum Intervalltraining allerdings fließend – zumindest theoretisch. Bei der Leinenführigkeit und Freifolge lässt sich die zeitlich variable Bestätigung aber wunderbar einsetzen, ebenso wie beim bereits erwähnten Abliegen. Aber auch beim Voran ist es für den Hund reizvoller, wenn er vorher nicht weiß, wie weit er diesmal laufen muss, um die Bestätigung zu bekommen.

Abschluss des Trainings

Wie bereits besprochen, sollte man das Training immer mit einem positiven Eindruck beenden. Dazu gehört eine gelungene Übung. Klappt es gerade im Training nicht so gut, geht man vor dem Ende einfach einen (oder auch mehrere)

Schritte zurück, um dem Hund (und sich selbst) auf jeden Fall ein einprägsames Erfolgserlebnis zu verschaffen.
Wichtig ist auch, gerade bei einem durch positive Bestärkung ausgebildeten Hund, am Ende immer eine große Belohnung zu liefern, mit der der Hund eine Weile positiv beschäftigt ist. Man kann zum Beispiel eine Handvoll Futter auf den Boden streuen, einen Ball werfen oder ein Spielzeug hervorholen. Sonst besteht die Gefahr, dass der hoch motivierte Hund das Trainingsende als Strafe empfindet und mit diesem unangenehmen Eindruck werden die Leistungen mit der Zeit schlechter.
Manchmal lässt sich eine Unterbrechung des Trainings nicht vermeiden, weil zum Beispiel das Telefon oder die Türklingel läutet. Für diese Fälle empfiehlt es sich, dem Hund auch dafür ein Ritual beizubringen, das ihm signalisiert: Du hast nichts falsch gemacht, ich muss kurz weg, es geht gleich weiter. Man drückt quasi die Pausentaste.

Der richtige Zeitpunkt zum Aufhören ist aber auf jeden Fall dann gekommen, wenn der Hund eine besonders gute Leistung gezeigt hat, die wir natürlich fürstlich belohnen. Es fällt schwer, dem typisch menschlichen Bedürfnis zu widerstehen, das uns drängt, die tolle Sache gleich noch einmal zu machen! Aber die Gelegenheit, eine Trainingseinheit mit einem für beide Seiten so positiven Erlebnis abzuschließen, dürfen wir nicht ungenutzt verstreichen lassen. Grundsätzlich neigen wir Menschen sowieso dazu, eher zu lange als zu kurz zu trainieren.
Die norwegische Hundetrainerin Ann-Lil Kvam sagte einmal zu diesem Thema: *„When you're in doubt, take a break."* – Wenn du überlegst, eine Pause zu machen, dann mach sie, denn dann ist es auf jeden Fall höchste Zeit dafür.

Man sollte sich übrigens davor hüten, beim Training zu viel zu sprechen. Konsequent den Mund zu halten, gehört auch zum möglichst neutralen Verhalten, das der Trainer zeigen sollte. Natürlich spricht nichts gegen ein lobendes Wort für gute Leistungen des Hundes, aber von zu früher Einführung des Signals, das später einmal das entsprechende Verhalten auslösen soll, ist unbedingt abzuraten. Die Gefahr von Fehlverknüpfungen ist einfach zu groß. Außerdem hat es relativ wenig Sinn, dem Hund dauernd „Fuß" zu sagen, wenn er noch gar keine wirkliche Ahnung davon hat, was damit gemeint ist. Mehr dazu im Kapitel über Signalkontrolle (siehe Seite 103 ff.).

Das korrekte Apportieren – hier beim Obedience – gehört zu den Aufgaben, bei denen eine ganze Verhaltenskette aufgebaut werden muss.

Verhaltensketten

Viele Dinge, die wir dem Hund beibringen wollen, setzen sich aus mehreren Einzelteilen zusammen, die der Hund am Ende des Trainings nacheinander ausführen soll, sodass sich ein Ganzes ergibt. Im Hundesport sind das zum Beispiel die Elemente „Platz aus der Bewegung“ mit Abrufen oder auch der aus dem jagdlichen Bereich stammende Apport.

RETTUNGSHUNDE-SPEZIAL

In der Rettungshundearbeit stellen die Rückverweisarten – sei es mit Bringsel oder im Freiverweis – typische Beispiele für Verhaltensketten dar.

Um im Training eine gewollte Verhaltenskette aufzubauen, gibt es verschiedene Möglichkeiten.

Von A wie Anfang bis Z wie Ziel – Aufbau von Verhaltensketten

Die traditionelle Vorgehensweise sieht so aus, dass mit dem ersten Schritt begonnen wird und die nächsten Schritte dann einer nach dem anderen einfach hinten angehängt werden. Betrachten wir beispielsweise das „Platz aus der Bewegung“ als Verhaltenskette mit den Bestandteilen

1. in Grundstellung sitzen
2. Fuß gehen (Freifolge)
3. sich hinlegen
4. liegen bleiben
5. hereinkommen
6. vorsitzen
7. in Grundstellung gehen

wird man mit der normalen Grundstellung (1) und der Freifolge (2) beginnen und diese beiden Elemente immer wieder bestärken, bis dann das Ablegen (3) hinzukommt. Je nachdem, wie gut der Hund dieses Element schon von anderen Situationen her kennt und beherrscht, wird er dabei mehr oder weniger Hilfe benötigen – auf jeden Fall dergestalt, dass der Hundeführer zunächst beim Hund stehen bleibt. Klappt das prompte Ablegen auf das Hörzeichen „Platz" gut, wird der Hundeführer sich in den nächsten Stufen schrittweise vom Hund entfernen und so das Liegenbleiben (4) sukzessive aufbauen. Ist die gewünschte bzw. vorgeschriebene Distanz (zum Beispiel 20 Schritte) erreicht, wird sich der Hundeführer zum Hund umdrehen, während dieser immer noch liegen bleibt und dann den Hund heranrufen, der dann zügig aufstehen und hereinkommen soll (5). Ist der Hund beim Hundeführer angekommen, wird man ihm zunächst helfen, die korrekte Vorsitzposition einzunehmen (6) und beendet die Übung dann mit der bereits bekannten Grundstellung (7).

So weit, so gut. Betrachtet man das Ganze nun aus lerntheoretischer Sicht, wird man darauf kommen, dass die Belohnung erst am Ende der Kette insofern problematisch sein kann, weil der Hund dies nach ein paar Wiederholungen natürlich weiß und sich am Anfang der Kette, zum Beispiel bei der Freifolge (2), nicht besonders anstrengen wird. Schließlich gibt es die Belohnung ja von der Verknüpfung her erst für die Grundstellung am Ende (7).
Man nennt dies auch den „Montagmorgen-Effekt": In diesem Wochenabschnitt sind viele Mitarbeiter oft schlecht gelaunt und nicht sehr motiviert zu arbeiten, weil die Belohnung (nämlich das nächste Wochenende) noch soooo weit entfernt ist.

Besser ist es also, jeden der einzelnen Schritte extra anzutrainieren und die komplette Verhaltenskette erst am Ende, also ganz kurz vor der Prüfung oder auch erst in der Prüfung selbst, abzufragen. Dabei erkennt man auch sehr schnell, bei welchem der Bestandteile noch viel Übung fehlt und welche der Hund eigentlich schon ganz gut beherrscht. Erfahrungsgemäß ist die Grundstellung (1 und 7) nicht das Problem, da der Hund sie schon von anderen Übungen her kennt, sondern es sind die Teile 3 und 4, die besonderer Aufmerksamkeit bedürfen, damit sie wirklich sauber ausgeführt werden. Auch das Hereinkommen (5) und das Vorsitzen (6) lassen sich wunderbar aus der Kette herauslösen und gesondert üben, bis sie perfekt sitzen.

Backchaining

Eine andere sinnvolle Möglichkeit, Verhaltensketten aufzubauen, ist das sogenannte **Backchaining**. Hier kommt das **Premack-Prinzip** zum Tragen, das besagt, dass ein Verhalten, welches bestärkt wird, zugleich als Bestärker für das vorangegangene Verhalten wirkt. Wir werden also bei der Verhaltenskette Apport, die aus den Teilen besteht

1. sitzen
2. warten, während das Dummy geworfen wird
3. zum Dummy laufen
4. aufnehmen
5. zum Hundeführer zurück laufen
6. vorsitzen und halten
7. das Dummy abgeben

mit dem letzten Teil beginnen. (Logischerweise muss der Hund, um das Dummy abgeben zu können, es vorher aufgenommen haben. Es lässt sich also nicht

RETTUNGSHUNDE-SPEZIAL

Beim Aufbau eines jungen Hundes kann die Versteckperson im Gelände immer an derselben Stelle bleiben. Der Hund geht anfangs mit dem Hundeführer zu ihr bzw. wird zu ihr gebracht und bekommt rein für das Ankommen eine Belohnung von der Person. Nun bringt man den Hund ein Stückchen von der Person weg und lässt ihn wieder hinlaufen. Der Hund kennt die Situation an der Person schon, wird sich an die angenehme Erfahrung erinnern und freudig wieder hinlaufen. Nun kann man (natürlich im Laufe mehrerer Übungseinheiten) die Distanz allmählich verlängern, die der Hund zurücklegen muss, um zur Person zu kommen. Auch mehrere Anlaufrichtungen können gewählt werden, sodass der Hund sich auch einmal ein wenig anstrengen muss, um zur Person zu kommen und dort natürlich jedes Mal eine Belohnung zu erhalten. Er wird dies freudig tun, da er die Situation ja bereits als bekannt und angenehm erlebt hat.

Im Gehorsamsbereich kann man das Voran aufbauen, indem man dem Hund zunächst beibringt, einen bestimmten Punkt (wie einen umgedrehten Eimer, einen in die Erde gesteckten Stock oder auch eine Fliegenklatsche) mit der Nase zu berühren. Dann verlängert man die Distanz, indem man das Target (engl.: Ziel) an Ort und Stelle lässt und sich selbst schrittweise davon entfernt. Um das gelernte Verhalten auszuführen, nämlich den Punkt zu berühren, muss der Hund von uns weg dorthin laufen. Später kann man dieses Verhalten auf andere Zielpunkte übertragen wie einen Busch oder einen Zaunpfosten.

RETTUNGSHUNDE-SPEZIAL

Beim Rückverweis sieht man oft Hunde, die bereits dann zum Hundeführer zurücklaufen, sobald sie die Versteckperson nur diffus in der Nase haben. Beim Rückführen des Hundeführers (nach erfolgter Anzeige bei diesem) stellt sich dann heraus, dass der Hund eigentlich gar nicht genau weiß, wo die Person sich denn tatsächlich befindet. Hier kann man mit Funkgeräten arbeiten. Die Versteckperson meldet sich kurz über Funk, sobald der Hund tatsächlich dicht bei ihr war, sodass der Hundeführer weiß, ob der Hund gleich eine „echte" Anzeige machen wird oder ob er nur so tut, als wüsste er, wo die Person ist.
Bei Bringselverweisern kann man in solchen Fällen auch das Bringsel vom Halsband des Hundes abnehmen und es bei der Person deponieren, sodass der Hund tatsächlich bis ganz zur Person laufen muss, um das Bringsel aufzunehmen.
Außerdem kann man bei Freiverweisern immer wieder einmal eine Zwischenbestätigung bei der Versteckperson einbauen, um den Hund für den ersten Schritt (Fund) zu bestätigen, bevor er dann die restlichen Teile der Verhaltenskette ausführt. Auch das Anzeigeverhalten beim Hundeführer kann bzw. sollte so immer wieder mal ein wenig „nachgeschärft" werden.
Bekommt der Hund bei der Gerätearbeit die Belohnung immer nach dem Absteigen vom Gerät, wird er sich natürlich bemühen, möglichst rasch über das Gerät zu kommen und die Ausführung selbst wird dadurch unsauber. Es empfiehlt sich also, den Hund zu bestätigen, während er sich auf dem Gerät befindet, zumal viele Hunde sowieso unsicher auf den Geräten sind und die Sache gern so schnell wie möglich hinter sich bringen wollen.

ganz vermeiden, Schritt (4) vorwegzunehmen.) Aber bei dieser Vorgehensweise beginnt man tatsächlich mit dem reinen Abgeben. Wir üben dies anfangs ausschließlich in direkter Nähe des Hundeführers, sodass die Schwierigkeit mit der Distanz zwischen Hund und Hundeführer zunächst wegfällt.
Beherrscht der Hund das korrekte Abgeben, kann man dazu übergehen, ihn vor dem Abgeben sitzen zu lassen, während er logischerweise das Dummy festhalten soll. Erst wenn diese beiden Schritte wirklich gut sitzen, kann man allmählich das Distanzelement einbauen, indem man das Dummy ein paar Schritte entfernt auf

den Boden legt (nicht wirft, denn Schritt (1) und (2) kommen erst später dazu!). Will der Hund nun die bereits gelernten Schritte (vorsitzen, halten und abgeben) ausführen, muss er dafür quasi zwangsläufig das Dummy aufnehmen (4) und damit zum Hundeführer laufen (5). Die restlichen Schritte (3), (2) und (1) sind dann in der Regel kein großes Problem mehr.

Der Vorteil des Backchainings liegt darin, dass man immer vom Unbekannten ins Bekannte arbeitet. Lernt der Hund einen neuen Schritt, gibt ihm die Tatsache Sicherheit, dass er die nachfolgenden Schritte bereits kennt und durch die Bestärkung positiv verknüpft hat. Dadurch vermeidet man das unangenehme Gefühl der Ungewissheit beim Lernen. Wir Menschen können uns dies zunutze machen, wenn wir ein Gedicht auswendig lernen. Beginnen wir mit den letzten Zeilen der letzten Strophe und arbeiten uns dann Zeile für Zeile, Strophe für Strophe, weiter nach vorne, werden wir beim Aufsagen immer sicherer, je weiter wir kommen, denn die letzten Teile können wir ja am besten, da wir sie am häufigsten geübt haben. (Einen Selbstversuch ist es allemal wert!)
Wie wir bereits gesehen haben, neigen Hunde quasi aus wirtschaftlichen Gründen dazu, manche Teile von Verhaltensketten auszulassen bzw. sie nur schlampig auszuführen, um rasch an die Endbelohnung zu kommen. Ein Klassiker, den man oft bei Prüfungen sieht, sind Hunde, die bei der Platz-Aufgabe beim Hereinkommen nicht sauber vorsitzen, sondern schräg vor dem Hundeführer oder die ein Sitz nur kurz andeuten, bevor sie seitlich in die Grundstellung gehen.

FALLBEISPIEL

Ich habe mich immer daran gestört, dass meine Hunde auf das Gebell der Nachbarshunde reagierten, indem sie ans Fenster stürzten und ebenfalls bellten. Ich brachte ihnen also bei, nach dem Bellen am Fenster auf Signal zu mir zu kommen und sich ruhig neben mich zu setzen. Dafür gab es eine Belohnung. Sobald nun einer der Nachbarshunde zu bellen begann, setzte ich meine „Komm-her-und-sitz-Aufgabe“ ein. Es etablierte sich die Kette:

1. *zum Fenster laufen und bellen*
2. *auf Abruf zu Frauchen laufen*
3. *sich neben Frauchen setzen*

Nach einigen Wiederholungen wurde das Bellen am Fenster (1) weniger bzw. die Abrufbarkeit (2) wurde besser, da die Belohnung ja erst nach (3) winkte.

Dies ist ein Zeichen für unsauberes Arbeiten und zeigt, dass das Vorsitzen im Verhältnis zur Grundstellung im Aufbau nicht sauber herausgearbeitet bzw. bestätigt wurde. Man kann hier relativ gut Abhilfe schaffen, indem man einzelne Teile immer wieder einmal aus der Verhaltenskette herauslöst und durch gezieltes Bestärken ein wenig „nachschärft". Erst, wenn dieser Teil zuverlässig klappt, darf er wieder ab und zu (nicht regelmäßig!) im Gesamtzusammenhang abgefragt werden.
Andererseits können wir uns diesen Effekt zunutze machen, indem wir bestimmte Verhaltensketten in unserem Sinne abkürzen.

Grundsätzlich sollte man auch fertige Verhaltensketten nur selten am Stück abfragen, um eben diesen Effekt zu vermeiden. Für den Hund bleibt es viel spannender, wenn er immer nur einzelne Teile daraus zeigen muss und auch nie genau weiß, an welcher Stelle denn nun die Belohnung kommt.
Damit sind wir wieder beim Thema der **variablen Bestätigung**. Natürlich gilt auch für den Bereich der Verhaltensketten die alte Weisheit, dass eine Kette immer nur so stark ist wie ihr schwächstes Glied. Habe ich also einen Hund, der beim Apport wunderbar vorsitzt und dabei das Dummy vorschriftsmäßig hält, nützt mir das herzlich wenig, wenn er sich zum Beispiel beim Laufen zum Dummy von echten Wildspuren ablenken lässt und so gar nicht zur Ausführung der restlichen Schritte kommt. Hier ist also ständiges Überprüfen des Leistungsstandes und bei Problemen sofortiges Eingreifen gefragt, bevor sich Fehler einschleifen.

Unerwünschte Verhaltensketten

Manchmal etablieren sich Verhaltensketten beim Training, ohne dass wir es wollen bzw. ohne dass wir es zunächst überhaupt bemerken. Auch hier kommt das Premack-Prinzip zum Tragen, was besagt, dass ein Verhalten, welches belohnt wird, wiederum als Bestärker für das zuvor gezeigte Verhalten wirkt. Ein gutes Beispiel dafür ist der Einsatz von sogenannten Korrekturen.

Nehmen wir beispielsweise einen Hund, der beim Abrufen herankommt und sich dann nicht frontal vor den Hundeführer setzt, wie es in der Prüfung gefordert wird, sondern schräg. Der Hundeführer macht einen Schritt zurück und führt dabei eine Hand oder auch beide Hände vor dem Körper nach oben, um den Hund in die korrekte Sitzposition zu locken. Der Hund kommt der freundlichen Einladung nach, setzt sich zurecht und wird dafür belohnt. Geschieht dies mehr als ein- bis zweimal hintereinander, haben wir versehentlich eine Kette etabliert. Der Hund setzt sich schräg, neuer Versuch, diesmal stimmt's, Belohnung. Der Hund

RETTUNGSHUNDE-SPEZIAL

Das Bedrängen der Versteckperson durch den Hund bei der Verbellanzeige gehört zu den klassischen unerwünschten Verhaltensketten, die der Hund durch falsches Training irgendwann einmal gelernt hat. Er hat die Person bedrängt, wurde dann eventuell zurechtgewiesen, hat dann mit etwas Abstand weiter verbellt und wurde dafür belohnt. Er glaubt also, das „muss so sein" und wird in Zukunft immer zum Bedrängen neigen, wenn hier nicht frühzeitig eingegriffen und absolut sauber gearbeitet wird.
Ein anderes Beispiel sind Hunde, die sich auf dem Trail gern durch Fremdgerüche wie von anderen Hunden ablenken lassen. Kommt dies häufiger vor und wird jedes Mal durch Ermahnung (durch den Hundeführer oder den Trainer) sanktioniert, wird der Hund am Ende trotzdem zum Erfolg kommen, indem er bis zur Versteckperson gelangt und die Belohnung einheimst. Folglich wird sich das Problem der Ablenkung in Zukunft nicht verbessern, sondern eher noch verschlimmern.

glaubt, „das gehört so", und wird sich in Zukunft immer zuerst schräg hinsetzen! Die Lösung besteht im Einsatz eines klaren Signals, dass dieses Verhalten nicht zum Erfolg führen wird **(Non-Reward-Marker)**. Fast noch wichtiger als der NRM ist aber dann eine ausreichend große Pause, bevor man mit dem Training fortfährt. Die Pause sollte mindestens 5 Sekunden lang sein, manche Trainer sprechen auch von 30 Sekunden. Pausiert man zu kurz, besteht die Gefahr, dass der Hund doch noch irgendwelche unerwünschten Verknüpfungen herstellt.

Für einen apportierfreudigen Jagdhund ist das Auffinden und Erreichen des Apportels schon eine intrinsische Motivation, er muss also dafür nicht extra motiviert werden.

Motivation

Dieser im Hundetraining viel verwendete Begriff kommt ursprünglich vom lateinischen Wort „movere“, was bewegen bedeutet. Unter Motivation verstehen wir also den Beweg-Grund, den Antrieb für eine Handlung oder ein Verhalten oder – um es eher verhaltensbiologisch auszudrücken – die Befriedigung von Bedürfnissen. Wenn ich müde bin, habe ich das Bedürfnis, mich auszuruhen. Die körperliche Empfindung des Hungers weckt das Bedürfnis nach Nahrung und stellt damit die Motivation dar, etwas Essbares zu beschaffen.

Wenn alles, was meine Bedürfnisse befriedigt, mir ständig zur freien Verfügung steht, bin ich nicht motiviert, mich selbst darum zu kümmern bzw. mich dafür anzustrengen. Mal angenommen, ein Mensch fände jeden Morgen „einfach so“, ohne etwas dafür getan zu haben, in seinem Briefkasten einen Umschlag mit 100 Euro darin. Anfangs würde man sich über dieses unverhoffte Geschenk freuen, aber mit der Zeit würde die Motivation, täglich arbeiten zu gehen, deutlich abnehmen. Warum soll man sich für Geld anstrengen, wenn man es auch so bekommen kann?

Intrinsische und extrinsische Motivation

Je nach genetischer Veranlagung können wir uns beim Training die **intrinsische** Motivation zunutze machen. Seit vielen Jahrhunderten werden Hunde dafür gezüchtet, bestimmte Aufgaben zu erfüllen und ein Vertreter einer bestimmten Rasse wird mit einer relativ hohen Wahrscheinlichkeit besonders leicht das gewünschte Verhalten erlernen. Möchte ich einen Apportierhund für die jagdliche Arbeit, werde ich dafür eine entsprechende Rasse auswählen, ebenso wie für sportliche Aktivitäten, bei denen es auf Geschwindigkeit und Präzision ankommt. Auch für den Bereich der Nasenarbeit gibt es spezielle Rassen, denen man ihre Aufgabe nicht groß beizubringen braucht: Sie tun es einfach.

Ganz ohne **extrinsische**, das heißt von außen kommende Motivation wird es aber im Hundetraining in den meisten Fällen nicht gehen. Um den Hund extrinsisch zu motivieren, können wir nach dem **NILIF-Prinzip** verfahren. Diese Abkürzung bedeutet **N**othing **I**n **L**ife **I**s **F**ree, übersetzt etwa: Es gibt im Leben nichts umsonst. Wenn du etwas haben möchtest, musst du dich dafür anstrengen.
Im Training können wir dieses Prinzip ganz einfach in die Tat umsetzen, indem wir diejenigen Dinge kontrollieren, die der Hund von sich aus haben möchte. (Sie ahnen es schon – man nennt diese Dinge auch **Bestärker**.)

Auf Hunde motivierend wirken zum Beispiel:

- **Futter**: Ein hungriger Hund ist eher motiviert, sich für Futter anzustrengen. Vor dem Training wird man also darauf achten, dass der Hund sich nicht gerade den Magen vollgeschlagen hat. Ein zu strenges Hungern-Lassen kann allerdings bewirken, dass der Hund in den Unterzucker fällt und nicht mehr leistungsfähig ist.
- **Wasser**: Dem Hund Wasser vorzuenthalten, um ihn zu motivieren, ist insofern problematisch, als der Körper genug Wasser braucht, um überhaupt (Nasen-)Leistung erbringen zu können. Trotzdem können wir Wasser gezielt als Bestärkung einsetzen – sei es zum Trinken oder zum Baden.
- **Spiel** mit dem Menschen ist für den Hund unter bestimmten Umständen erstrebenswert und muss daher richtig gemacht werden. Näheres wurde schon in den Kapiteln über die Bestärker beschrieben.
- **Interaktion** mit Artgenossen gehört zu den Grundbedürfnissen des hochsozialen Tieres Hund.
- **Bewegung** ist für das Lauftier Hund unter Umständen ebenfalls ein großer Motivationsanreiz. Dies macht man sich zum Beispiel bei der Zwingerhaltung zunutze, bei der der Hund sich eben die allermeiste Zeit nicht so bewegen kann, wie er es gern möchte. Beim Training wird er dann entsprechend motiviert sein.
- **Zuwendung** und **Sozialkontakt** sind Dinge, die Hunde als hochsoziale Lebewesen ebenfalls zwingend benötigen, um sich wohlzufühlen. Bekommen sie dies im Alltag nicht in ausreichendem Maße (zum Beispiel durch isolierte Haltung, getrennt vom Rest des „Rudels"), sind sie dadurch motiviert, im Training mit dem Menschen zusammen zu arbeiten.
- **Weiter trainieren**: Wurde das Training durch die richtigen Methoden hundegerecht aufgebaut, erzeugt es gute Gefühle beim Hund und folglich wirkt es sehr motivierend, die angenehme Interaktion mit dem Trainingspartner Mensch noch weiter andauern zu lassen bzw. wieder aufzunehmen.
- **Ruhe**: Dieses Grundbedürfnis jeden Lebewesens ist im Training zwar nicht so einfach als Bestärker einzusetzen, muss aber trotzdem in die Überlegungen zur Motivation mit einbezogen werden. Denn nur durch ein ausgeglichenes Verhältnis zwischen (Trainings-)Aktivität und anschließenden Ruhephasen wird der Hund für die nächste Trainingseinheit optimal ausgeruht und damit motiviert sein.

Selbstbelohnende Verhaltensweisen

Wie der Begriff bereits sagt, werden hierunter alle Verhaltensweisen verstanden, deren Ausführung selbst bereits bestärkend wirkt. Hierbei wird im Hundehirn der Neurotransmitter **Dopamin** ausgeschüttet und bewirkt seinerseits eine Ausschüttung von bestimmten Opiaten. Dadurch wird ein Glücksgefühl erzeugt, das der Hund immer wieder erleben möchte und das ihn daher aus physiologischer Sicht sogar „süchtig“ macht. Auch ohne bestärkende Einwirkung des Menschen wird das Verhalten in Zukunft also immer häufiger gezeigt werden.

Ein typisches Beispiel dafür ist das Zerkauen von Gegenständen. Besonders junge Hunde neigen dazu, alles Mögliche anzuknabbern – sei es aus Frust oder Langeweile oder um das unangenehme Gefühl im Fang während des Zahnwechsels ein wenig zu dämpfen. Auch Stress kann eine Ursache für das Kauen sein. In der Regel stellen sich nach einiger Zeit gute Gefühle ein, Stress oder Frust werden abgebaut, der Kiefer tut nicht mehr so weh und beschäftigt ist man auch. Bei der nächsten derartigen Situation wird der Hund also wieder auf das Verhalten zurückgreifen, welches sich aus seiner Sicht bewährt hat, und den nächsten Gegenstand anknabbern. Ganz ohne bestärkendes Zutun des Menschen wird sich das Verhalten selbst aufrechterhalten, es ist sozusagen ein Perpetuum mobile.

Unter unseren heutigen Haushunden ist Selbstbelohnung etwas sehr Rassetypisches, das aber auch individuell ganz verschieden sein kann. Jeder Hundehalter sollte seinen Hund daher genau beobachten und kennenlernen, um zu wissen, welche Strategien er in welchen Lernsituationen anwenden wird. Besonders gut geeignet für solche Beobachtungen sind Konfliktsituationen.

Was tut der Hund, um sich selbst zu beruhigen bzw. um sich nach einer schwierigen Situation abzureagieren? Manche Hunde beginnen dann beispielsweise scheinbar völlig kopflos herumzurennen. Andere buddeln, bellen, verfolgen Fährten, wälzen sich im Gras, trinken hektisch oder suchen ganz bewusst körperliche Nähe zu ihrem menschlichen Sozialpartner. In schwierigeren Fällen fallen hierunter auch bestimmte Verhaltensstereotypien wie monotones Auf-und-ab-Laufen im Garten oder Zwinger, den eigenen Schwanz jagen, Schatten oder Lichtreflexe jagen oder auch autoaggressives Verhalten wie Pfotenbeißen oder Lecken.

Kennt man die individuellen Anlagen und Vorlieben seines Hundes im Bereich Selbstbelohnung, ist es relativ einfach, diese Verhaltensweise im Training als **funktionalen Bestärker** zu nutzen, und zwar idealerweise in diesen Konfliktsituationen, in denen sie am stärksten wirken.

Hat der Hund beispielsweise eine Begegnung mit einem fremdem Artgenossen erfolgreich gemeistert, kann man ihm zur Entlastung ein Spielzeug werfen, ein Stück mit ihm rennen oder auch ein paar Leckerlis in Mauselöchern versenken, die der Hund dann ausgraben darf – je nachdem, was ihm gefällt.

Oft hilft es bei der Suche nach derartigen Belohnungen auch, sich zu überlegen, wofür die Rasse des Hundes ursprünglich einmal gezüchtet wurde. Meine Laufhunde beispielsweise haben für ein geworfenes Spielzeug höchstens ein höfliches Schwanzwedeln übrig. Das, was sie wirklich wollen (und was sie auch stundenlang bis zur Erschöpfung tun würden, wenn man sie ließe), ist das Verfolgen von Fährten. Also werde ich ihnen nach einer erfolgreich bewältigten Situation genau das erlauben. Natürlich kontrolliert und an der Leine!

Beim Thema Motivation spielt natürlich auch noch die ganz individuelle „Lerngeschichte“ des einzelnen Hundes eine Rolle. Wenn Lernen, das heißt Interaktion mit der Umwelt an sich, bisher als positiv und angenehm erlebt wurde, wird der Hund natürlich eher zum Weitermachen, also zum Weiterlernen motiviert sein und wir haben es dann im Training einfacher.
Zusammenfassen lässt sich das Thema Motivation mit der Leitfrage: Was möchte der Hund genau jetzt, in diesem Moment, am liebsten tun oder haben? Kann ich diesen Bestärker kontrollieren, habe ich ein sehr wirkungsvolles Werkzeug zur Verfügung, das mir beim Training hervorragende Dienste leisten kann – wenn ich in der Lage bin, richtig damit umzugehen.

Manche Hunde sind zweifellos schwerer zu motivieren als andere. Es liegt an uns Menschen, sie in ihrer Individualität zu verstehen und uns bzw. das Training entsprechend anzupassen. Unsere Aufgabe besteht außerdem darin, die Grenzen unserer Möglichkeiten zu erkennen und – manchmal dem Hund zuliebe – auch zu akzeptieren.
Allerdings darf eine Motivationslage, die nicht mit unseren Interessen übereinstimmt, nicht als Sturheit missverstanden werden. Denn um per definitionem stur zu sein, müsste ein Hund zuerst vollständig und bis ins kleinste Detail verstanden haben, was er genau tun soll. Und dann müsste er sich ganz bewusst entscheiden, genau das eben jetzt gerade nicht zu tun.
Nach dem, was wir bisher über Hunde und deren Training wissen, ist es relativ unwahrscheinlich, dass dieser Fall tatsächlich so eintreten wird. Wenn es mal im Training nicht klappt, ist echte Sturheit also in den seltensten Fällen der Grund.

Anreizen – Locken – Helfen

Je nachdem, was man dem Hund beibringen möchte, kommt man mit reinem „Behaviour catching“ nicht weit. Denn woher soll der Hund beispielsweise wissen, dass er jetzt lernen soll, mit der Pfote zu winken – zumal, wenn er vorher noch nie in seinem Leben etwas Derartiges trainiert hat? Hier wartet man unter

Umständen sehr lange, bis der Hund von sich aus einen Verhaltensansatz anbietet, den man dann weiter ausbauen kann. Dieses lange Warten erzeugt Frust bei Hund und Mensch. In diesen Situationen ist es also angebracht, dem Hund wenigstens zu Beginn ein wenig „auf die Sprünge zu helfen". Auch dazu muss man allerdings einige Dinge wissen.

Grundsätzlich funktioniert es so, dass der Hund durch Zeigen der Belohnung und eventuell noch durch entsprechende zusätzliche Reize wie Anfeuern oder bestimmte Bewegungen motiviert werden soll, etwas zu tun, um die Belohnung zu ergattern und (idealerweise) vorher das gewünschte Verhalten bzw. Ansätze dazu zu zeigen, was wir dann sofort bestärken können.

Ein typisches Beispiel ist das Leckerchen, das dem Hund über den Kopf gehalten wird, um ihm das Sitz beizubringen. Der Hund wird einen langen Hals machen und sich fast automatisch hinsetzen. Beim Bei-Fuß-Gehen können wir die Futterhand oder den Ball so halten, dass der Hund in die gewünschte Position kommt bzw. auch während der Vorwärtsbewegung in dieser gewünschten Position bleibt. Allgemein ist das Anreizen, Locken oder auch Helfen ein guter Weg, um den Hund grundsätzlich zu motivieren bzw. um dem Hund überhaupt eine Idee davon zu vermitteln, was er tun soll. Sabine Winkler nennt dies *„den Fuß in die Tür bekommen"*, um von dieser Position aus mit normaler Verhaltensformung weiter zu arbeiten. Allerdings muss man sich bewusst sein, was man tut, und vor allem muss man ein paar Dinge beachten, um keine Fehlverknüpfungen einzubauen und um die anfängliche Hilfe möglichst rasch wieder loszuwerden.

RETTUNGSHUNDE-SPEZIAL

Im Rettungshundebereich gibt es für diesen Ausbildungsansatz verschiedene Bezeichnungen. Das Prinzip ist aber immer dasselbe: Die Versteckperson zeigt dem Hund am Start die Belohnung, macht ihn „heiß" und rennt dann mit der Belohnung weg. Dies nennt man Verabschieden, Anreizen, gezogene Anzeige oder auch einfach Motivationsanzeige oder -trail. Der Hund wird dadurch motiviert, der Versteckperson hinterherzulaufen bzw. sie zu suchen, um die Belohnung zu bekommen.

Rein lerntheoretisch betrachtet bedeutet Locken eigentlich **Bestechen**. Das heißt, ich beeinflusse das Verhalten (Behaviour = B) nicht durch seine Konsequenzen (Consequence = C), sondern durch das, was vorausgeht (Antecedent = A). Die gewünschte ABC-Verknüpfung zwischen Verhalten (B) und Konsequenz (C), der dann später der auslösende Reiz (A) vorgeschaltet wird, kann so nicht zuverlässig hergestellt werden. Der Hund reagiert in diesen Situationen rein emotional (mehr dazu weiter unten). Wir als Trainer haben daher den Lernvorgang nicht mehr unter Kontrolle, das heißt, wir wissen nicht, **was** der Hund nun in dieser Situation genau lernt. Verhalten, das in solchen Situationen gelernt wurde, ist später nicht gezielt über Signale abrufbar.
Verhaltensbiologisch stammt das Locken aus dem Bereich des **Jagdverhaltens**. Dieses ist beim Hund quasi genetisch programmiert und wird durch bestimmte Reize ausgelöst. Beim Locken machen wir uns das zunutze, indem wir dem Hund die Belohnung zeigen, sie ihm aber dann zunächst vorenthalten, sodass er hochmotiviert ist, sie zu bekommen, und sich entsprechend anstrengen wird.

Problematisch dabei ist, dass dieses Jagdverhalten (welches ja ohnehin schon selbstbelohnend ist) durch das Locken insgesamt verstärkt wird und eventuell auch in anderen ähnlichen Situationen zum Vorschein kommt, wo wir es aber gar nicht haben wollen. Ein Hund, der mit Lockmitteln ausgebildet wurde, wird auf andere, ähnliche Reize heftiger reagieren – seien es auffliegende Vögel, ein fahrendes Auto, ein Blatt im Wind oder auch spielende Kinder.

Statistiken zeigen, dass Unfälle, bei denen andere Hunde oder Kinder durch Hunde zu Schaden kamen, fast immer aus diesem fehlgeleiteten Bereich des Beutefangverhaltens resultieren. Dies wird durch zahlreiche Erfahrungsberichte von Trainern verschiedener Tierarten bestätigt. Sie alle betonen immer wieder, wie wichtig es ist, ruhiges Verhalten zu bestärken und daher in möglichst niedriger Erregungslage zu arbeiten. Eine hohe Erregungslage kann leicht in Aggressivität umkippen.

Natürlich gibt es auch hier große Unterschiede zwischen den Hunderassen und auch in der individuellen Ausprägung des Jagdverhaltens. Je nachdem, wen man „typentechnisch" vor sich hat und was man ihm beibringen möchte, wird man unter Umständen um ein wenig Locken nicht herumkommen. Bei anderen Hunden wiederum kann die bloße Übergabe der Belohnung an einen Helfer schon ausreichen, um sie in höchste Erregung zu versetzen. Daher muss man sich dessen bewusst sein, was man tut – die Trainerin Dorothee Schneider formulierte es einmal recht treffend: *„Wer einen Ferrari fährt, tut gut daran, mit dem Gaspedal vorsichtig umzugehen."*

Auch beim Hundesport muss man aufpassen, dass der Hund nicht in eine zu hohe Erregungslage kommt.

Für das Arbeiten unter **Ablenkung** erscheint das Locken im ersten Moment vorteilhaft, um den Hund ganz auf die Belohnung zu fokussieren und die Ablenkungen dabei auszublenden. Allerdings bedeutet dies im Umkehrschluss, dass er die Ablenkungen – also die Reize, die seine Aufmerksamkeit stören – in diesem Moment gar nicht bewusst wahrnehmen kann. Eine echte Auseinandersetzung mit ihnen ist somit nicht möglich. Hört man mit dem Locken auf, zeigt sich, dass das Problem eigentlich gar nicht gelöst wurde, sondern nur umgangen: Der Hund wird sich wieder genauso ablenken lassen wie zuvor.

RETTUNGSHUNDE-SPEZIAL

Will man in der Rettungshundeausbildung mit Anreizen arbeiten, muss man unbedingt darauf achten, dass der Hund die weglaufende Versteckperson nur ganz kurz sehen kann. Er soll sehen, ***dass*** *eine Person wegrennt, aber keinesfalls wohin. Daher stellt man den Hund hinter eine Sichtbarriere wie einen Busch, eine Hausecke oder ein geparktes Auto. Um den Reiz zu erhöhen, kann die Person beim Weglaufen zusätzlich noch Geräusche machen. Grundsätzlich soll der Hund aber mit der Nase suchen und nicht mit den Augen. Gerade bei einem so starken Anreiz wie eine sich rasch entfernende Beute muss man immer im Kopf behalten, was der Hund denn eigentlich lernen soll.*

Beim Übergang vom angereizten zum unangereizten Arbeiten kann man die zeitliche Distanz zwischen Weglaufen der Person und Ansetzen des Hundes allmählich verlängern. Auch hier zahlt sich sauberes Arbeiten aus: Hat man die angereizten Übungen immer mit denselben Signalen für den Hund verknüpft (zum Beispiel durch Anfeuern wie „Wo ist er“, „Aufpassen“ usw.) kann man damit die freudige Erregung des Hundes auch bei unangereizten oder verzögert angereizten Aufgaben „einschalten“ und er wird ebenso motiviert starten wie zuvor.

Werden sehr viele angereizte Suchaufgaben abgearbeitet, riskiert man unter Umständen die unerwünschte Verknüpfung, dass immer die frischeste Spur zum Ziel führt. Dies kann zur Folge haben, dass der Hund sich auch später relativ leicht durch frische Gerüche ablenken lässt – sei es am Start oder während der Suche.

Hilfen abbauen

Hat man sich ein Verhalten mithilfe von Lockmitteln erarbeitet, muss man so bald wie möglich daran arbeiten, diese auch wieder loszuwerden. Je länger man mit der Hilfe arbeitet, desto fester werden die entsprechenden Verknüpfungen im Hundehirn und desto abhängiger wird der Hund davon! Wichtig ist auch hier, sich einen genauen Plan zu machen, welches Lockmittel (zum Beispiel ein gezeigtes Leckerchen oder Spielzeug) man abbauen möchte und wie man das am besten anfängt.

Systematisches Vorgehen ist hier besonders wichtig, um keinesfalls zu überhasten. Lässt man die Bestechung von einem Tag auf den anderen plötzlich weg, wird das Verhalten des Hundes natürlich total zusammenbrechen, da die bisher von ihm gebildeten Verknüpfungen plötzlich überhaupt nicht mehr funktionieren. Man muss also für die „Entwöhnungsphase“ genügend Zeit einplanen – auch und besonders vor einer Prüfung, bei der in der Regel keine zusätzlichen Hilfen (Lockmittel) erlaubt sind.

Für den schrittweisen Abbau von Hilfen gibt es verschiedene Möglichkeiten. Üblich ist zum Beispiel im Gehorsamsbereich, das bisher in der Hand gehaltene Leckerchen einfach wegzulassen, die Hand aber in genau derselben Position zu halten wie bisher – nur dass sie eben leer ist. Allerdings muss man dann seine Bestärkungsrate drastisch erhöhen, um den Hund „bei der Stange zu halten“. Das heißt, anstatt eine ganze Begleithundprüfung zu laufen mit einem Leckerchen in der Hand, das der Hund am Ende bekommt, bestärkt man nun immer mal wieder zwischendurch (Intervallaufbau beachten). Dies ist zugleich ein ganz guter Gradmesser dafür, wie weit der Hund eigentlich in der Ausbildung schon gekommen ist. Hat er das gewünschte Verhalten wirklich per definitionem gelernt oder ist er nur die ganze Zeit hinter dem Leckerchen hergelaufen wie der Esel hinter der Karotte?

Bei der Verwendung von Spielbelohnung ist es ähnlich. Anstatt das Spielzeug die ganze Zeit für den Hund sichtbar in der Hand zu halten, kann man es in die Tasche stecken und zur Zwischenbelohnung hervorholen – ohne allerdings sonst irgendetwas am eigenen Verhalten oder Erscheinungsbild zu verändern.
Handhaltung, Körperhaltung usw. müssen genau dem entsprechen, was der Hund im Training gelernt hat. Diese Reize, die der Hund ja mit verknüpft hat, kann man dann später schrittweise so verändern, bis die gewünschte Prüfungsform erreicht ist. Dann – und erst dann! – kann man die Belohnungsintervalle wieder stufenweise vergrößern.

Als Signal werden nicht nur Hörzeichen verwendet, sondern auch Sichtzeichen – sie sind besonders wichtig bei tauben Hunden wie in diesem Fall.

Signalkontrolle

Im modernen Tiertraining verwenden wir den Begriff **Signal** anstelle wie früher Befehl oder Kommando. Letztere transportieren Aspekte von Unterschieden in der Rangordnung: Du machst das jetzt, weil ich es dir sage! In der zeitgemäßen Hundeausbildung versucht man, ohne diese stark emotional gefärbten Modelle auszukommen.
Ein Signal (A) sagt dem Hund: Wenn du jetzt (B) tust, passiert (C). Signale ermöglichen es dem Hund damit, in die Zukunft zu schauen: Sie geben ihm Hinweise darauf, was als Nächstes passieren wird.
Wenn wir ein Verhalten unter **Signalkontrolle** stellen bzw. haben, bedeutet dies im lerntheoretischen Sinne, dass der Hund das Verhalten immer dann (und nur dann!) zeigt, wenn zuvor das Signal gegeben wurde. Daraus ergibt sich, dass Signalkontrolle letztlich der eigentliche Zweck des Trainings ist, damit der Hund das antrainierte Verhalten immer dann zeigt, wenn ich es möchte.

Signale werden auch **diskriminative Reize** genannt. Das lateinische Verb „discriminare“ bedeutet trennen, unterscheiden. Der Hund lernt also anhand des Signals zu unterscheiden, ob sich das Verhalten in diesem Moment lohnt oder nicht. Ergo wird er es zeigen – oder eben nicht.
Vollständige Signalkontrolle ist nur schwer zu erreichen. Genau genommen bedeutet dies nämlich: Hat man das Verhalten „sich hinlegen“ unter hundertprozentiger Signalkontrolle, darf der Hund sich nur noch dann hinlegen, wenn wir ihm vorher „Platz“ gesagt haben – in letzter Konsequenz muss er nachts im Stehen schlafen, wenn wir abends vergessen haben, ihm das Signal „Platz“ zu geben. Dieses etwas überspitzte Beispiel ist natürlich nicht realistisch, soll aber demonstrieren, dass es mit dem viel zitierten „absoluten Gehorsam“ von Hunden oft gar nicht so einfach ist.

Bewusste und unbewusste Signale

Es gibt eine ganze Reihe von bewusst antrainierten Signalen verschiedener Art. Als Beispiel für ein optisches Signal kann der erhobene Zeigefinger dienen, der für den Hund bedeutet: Wenn du dich jetzt hinsetzt, gibt es ein Leckerli.

Aus diesen recht detaillierten Beispielen ergibt sich, dass die Hunde meist nicht auf ein einziges Signal reagieren, sondern auf eine Mischung aus verschiedenen diskriminativen Reizen, die sich auch teilweise überlagern, da sie fast immer zusammen auftreten.

RETTUNGSHUNDE-SPEZIAL

Die verschiedenen Signale

Beim Ansatz zur Suche kniet sich der Hundeführer neben den Hund und deutet mit der Hand in die Suchrichtung, dies ist also ein optisches Signal. Ein akustisches Signal wie zum Beispiel ein Pfiff sagt dem Hund: Wenn du jetzt sofort zu mir kommst, gibt's eine Belohnung. Das gesprochene Signal „Such und Hilf" ist das Startzeichen für den Hund zur Suche. Taktile Reize können ebenfalls als Signal dienen. Das Anlegen des Halsbandes bedeutet: Jetzt gehen wir spazieren. Das Anlegen der Kenndecke ist für den trainierten Rettungshund das Signal: Jetzt geht's zum Suchen! Für das Nasentier Hund können auch geruchliche Reize sehr starke Signale darstellen. Leckerchen in der Tasche, die der Hund natürlich olfaktorisch wahrnimmt, bedeuten: Jetzt kannst du dir was Feines verdienen. Der Geruch der Versteckperson während der Suche signalisiert dem Hund: Jetzt schnell hinlaufen, anzeigen und dann gibt's die Belohnung.

Andererseits gibt es in der Welt unserer Hunde auch eine ganze Reihe von Signalen, die wir ihnen genauso durch Verknüpfung antrainiert haben wie Sitz oder Platz – nur vielleicht nicht so absichtlich. Jeder Hundebesitzer kennt den Hund,

FALLBEISPIEL

Ein wunderbares Beispiel lieferte mir mein alter holländischer Hütehund, der bei schönem Wetter täglich gegen Abend auf den Balkon ging, um auf Herrchens Rückkehr von der Arbeit zu warten. Natürlich kannte er das Motorengeräusch des Kleinwagens ganz genau. Wie es der Zufall wollte, fuhr unser Nachbar ebenfalls solch ein Auto, dieselbe Marke, dasselbe Modell, sogar mit derselben Motorisierung. Der Hund täuschte sich trotzdem nie in seiner Wahrnehmung, ob nun Herrchens Auto um die Ecke bog oder das des Nachbarn. Er hatte offenbar die unterschiedlichen Fahrweisen der beiden Menschen als diskriminatorischen Reiz verknüpft. Sie dienten ihm als Signal, dass gleich etwas Freudiges geschehen würde – oder eben auch nicht.

der interessiert den Kopf hebt, sobald man zum Schuhschrank geht. Der Hund beobachtet genau, ob Frauchen die Wanderstiefel oder die lachsfarbenen Pumps herausholt, und entsprechend wird seine Reaktion ausfallen.

Signale richtig etablieren

Wie wir oben gesehen haben, gibt das Training erst durch die korrekt verknüpften Signale wirklich Sinn. Man sollte sich allerdings davor hüten, beim Training zu früh mit der Signaleinführung zu beginnen. Zuerst muss das Verhalten fertig geformt werden und dann erst bekommt das Kind einen Namen.

Nach dem, was Sie bislang über Verknüpfungen gelernt haben, können Sie sich den Grund dafür bereits denken: Es hat keinen Sinn, dem Hund zwanzigmal „Fuß“ zu sagen, während er bislang höchstens eine ungefähre Ahnung davon hat, was „Fuß“ eigentlich sein soll. Solange er in unregelmäßigem Abstand chaotisch um Ihre Beine herumwuselt und die Nase immer wieder zum Boden geht, um irgendwelche interessanten Gerüche zu untersuchen, sollten Sie sich nicht dazu verleiten lassen, dieses Verhalten mit einem vielleicht noch mahnenden „Fuß“ zu verknüpfen! Das bringt später beim Abrufen des Verhaltens unnötige Probleme ein. Warten Sie also, bis das gewünschte Verhalten wirklich „fertig“ ist und stellen Sie dann erst die Verbindung mit dem Signal her.

Welches Signal Sie wählen, ist im Grunde genommen völlig egal. Gesprochene Worte sind üblich; achten Sie auf den richtigen Tonfall, die Länge und auch den Klang des Wortes, um sicherzustellen, dass der Hund das Hörzeichen später nicht mit einem anderen verwechseln kann.

Zur korrekten Einführung beobachten Sie Ihren Hund genau und wenn er gerade im Begriff ist, das Verhalten zeigen zu wollen, geben Sie Ihr Signal (A). Der Hund wird das Verhalten ausführen (B) und wird dafür natürlich belohnt (C). Durch klassische Konditionierung wird dann die Verknüpfung hergestellt. Der ideale Zeitabstand zwischen dem Signal und dem Verhalten beträgt etwa 0,5 bis 2 Sekunden. Geben Sie das Signal aber nur, wenn Sie sich ganz sicher sind, dass der Hund das Verhalten gleich zeigen wird!
Meine Faustregel lautet: Der Moment, in dem man eine Pizza verwetten würde, dass der Hund es gleich tut, ist der richtige Zeitpunkt für das Signal. Falls er es dennoch nicht tut, geben Sie einen **NRM** und machen eine kurze Pause. Lassen Sie sich nicht dazu verleiten, das Signal ein zweites Mal zu geben. Sonst riskieren Sie eine unerwünschte **Verhaltenskette**.

Überschattungen

Wie bei den oben genannten Beispielen bereits deutlich wurde, kommt es relativ selten vor, dass der Hund nur ein einzelnes Signal als Auslöser für ein Verhalten abspeichert. Vielmehr handelt es sich in der Regel um eine Kombination von mehreren Reizen verschiedener Art (optisch, akustisch, taktil, olfaktorisch), die der Hund quasi automatisch als Gesamtbild verknüpft hat. Man nennt dies auch **Reizüberschattung**.

Typisch dafür ist zum Beispiel der erhobene Zeigefinger in Kombination mit dem gesprochenen Wort „Sitz". Der Hund merkt sich eher das für ihn Offensichtlichere (nämlich die Geste, die auch Sichtzeichen genannt wird) und nimmt das Hörzeichen eher nebenbei mit. Lässt man dann das Sichtzeichen weg, weil man beispielsweise auf eine Prüfung trainiert, bei der nur Hörzeichen erlaubt sind, stellt sich plötzlich heraus, dass der Hund das „Sitz" eigentlich gar nicht beherrscht – zumindest nicht auf das Signal, das wir wollen. Sichtbare Belohnungen (sprich: Lockmittel) gehören ebenfalls in diesen Bereich und sind schon allein daher problematisch.

Abhilfe schafft hier wiederum allein sauberes Arbeiten. Das gewünschte Signal (zum Beispiel das Hörzeichen „Sitz") muss unbedingt zeitlich getrennt gegeben werden, und zwar **vor** den anderen Reizen, die das Verhalten „sich hinsetzen" auslösen (wie der erhobene Zeigefinger, eine Straffung der Schultermuskulatur usw.). Dann lässt man die anderen Reize immer schwächer werden. Zum Beispiel wird die Handbewegung immer kleiner, während das Hörzeichen „Sitz" jedes Mal in gleicher Weise ausgesprochen wird. So kann man die anderen Reize allmählich ausschleichen und bei korrekter Belohnung wird man das Verhalten durch das neue Signal bald zuverlässig abrufen können.

Das Arbeiten unter **Ablenkung** muss allerdings zusätzlich noch geübt werden (siehe nächstes Kapitel), da Hunde stark situationsbezogen lernen. So minimiert man die Gefahr von unabsichtlichen Fehlverknüpfungen. Üben Sie ein neues Signal in möglichst vielen verschiedenen Umgebungen und mit möglichst vielen unterschiedlichen Begleitumständen. Üben Sie drinnen in verschiedenen Zimmern, im Garten, draußen an unterschiedlichen Orten, im Dunkeln, im Hellen, auf verschiedenen Untergründen usw. Erinnern wir uns: Nur wenn der Hund das Verhalten auf Signal zuverlässig ausführt, können wir wirklich von **Signalkontrolle** sprechen.

Da bei einer korrekten Verknüpfung das Signal nicht nur mit dem Verhalten, sondern auch mit dessen Konsequenz sehr eng verknüpft ist, hat das Signal selbst unweigerlich auch bestärkende Wirkung. Das lässt sich nicht immer ganz vermeiden, wir müssen es nur im Hinterkopf behalten.

RETTUNGSHUNDE-SPEZIAL

Es lässt sich trefflich darüber diskutieren, ob der Geruch der Versteckperson für den Hund ein Signal (A) für das Verhalten „Anzeigen“ (B) ist oder ein sekundärer Bestärker für das Verhalten „Suchen“, der seinerseits das neue Verhalten „Anzeigen“ auslöst, um den primären Bestärker (C), nämlich die Belohnung, zu bekommen.

Achten Sie beim Thema Signalkontrolle von Anfang an auf sauberes Arbeiten. Unklare Signale bringen den Hund in Stress, vor allem, wenn man von ihm verlangt, ähnliche Signale voneinander zu unterscheiden. Dies gilt übrigens auch, wenn der Hund das Verhalten mittels positiver Bestärkung gelernt hat, er also eigentlich hochmotiviert ist und sehr gern trainieren möchte.

Beim Hundesport Agility, wo es oft hektisch zugeht, ist dies besonders deutlich zu beobachten. Menschen haben ihre Körpersprache in der Regel nicht so gut unter Kontrolle, dass es für den Hund immer völlig klar wäre, was wir von ihm wollen. Eine falsche Handbewegung führt dazu, dass der Hund das falsche Gerät nimmt – und schon ist man disqualifiziert. Der Hund spürt natürlich die Enttäuschung seines Menschen und das erhöht den Druck, es beim nächsten Mal richtig machen zu wollen.

Um dem Hund ein wirklich fehlerfreies Unterscheidungslernen zu ermöglichen, ist es daher unerlässlich, den richtigen Reiz, auf den der Hund reagieren soll, anfangs besonders auffällig zu gestalten (zum Beispiel durch eine überdeutliche Handbewegung oder ein besonders prägnantes Wort), sodass der Hund auf Anhieb eine hohe Trefferquote erzielt. Dies stärkt sein Selbstbewusstsein und auch sein Vertrauen in die Führungsqualitäten seines Sozialpartners Mensch.

RETTUNGSHUNDE-SPEZIAL

Nachfolgend werden einige Verhaltensweisen genannt, die beim Rettungshund sicher unter Signalkontrolle stehen sollten.

- *Gehorsam je nach Prüfungsanforderung: Fuß, Steh, Sitz, Platz, Hier, Bleib, Voran, Tragen, Maulkorb usw.*
- *Bei Verbellern: Gib Laut. Dieses Verhalten sollte außerhalb des Übungsbetriebs möglichst stressfrei antrainiert werden und schon in den verschiedensten Situationen unter Signalkontrolle stehen, bevor es erstmals bei der Versteckperson abgefragt wird. Das Anbellen von (fremden) Personen bringt viele Hunde aus sozialen Gründen in Konflikte und schlechtes Auslösen ist eines der Hauptprobleme bei Verbellern. Dies liegt oft daran, dass das Bellen an der Versteckperson zu früh und zu vehement eingefordert wurde. Ein Hund, der gelernt hat, aus „lockerer Kehle" Laut zu geben und dies immer positiv erlebt hat, wird später zuverlässiger anzeigen.*
- *Bei Bringselverweisern: Apport bzw. bei Freiverweisern: das gewählte Anzeigeverhalten beim Hundeführer. Hier gilt dasselbe wie für das Verbellen. Häufiges Üben in verschiedensten Situationen ist angesagt. Dies gilt übrigens auch für die Anzeigesituation beim Hundeführer. Oft nehmen Rückverweiser (egal ob mit Bringsel oder frei) den Anblick des Hundeführers, der frontal zu ihnen steht und eine Anzeige offenbar erwartet, als Signal, das Verhalten „Anzeige" zu zeigen. Wie wir wissen, ist es damit aber nicht getan. Um wirklich einsatztauglich zu sein, muss der Hund lernen, das Anzeigeverhalten auch in allen möglichen anderen Situationen zu zeigen. Beispiele dafür wären: der Hundeführer dreht sich weg, unterhält sich mit anderen Personen, spricht ins Funkgerät, bedient sein Handy, liegt auf dem Boden bzw. ist gerade über eine Baumwurzel gestolpert oder gestürzt, bindet seinen Schuh, hantiert an seinem Rucksack usw. In unterschiedlichen Umgebungen wie Wald, Feld, hohe Wiesen usw. muss ebenso geübt werden wie unter sonstigen Umständen wie Dunkelheit, Anwesenheit anderer Hunde und Menschen oder anderer Umweltreize.*
- *Bei Rückverweisern (ob mit Bringsel oder frei): Zeigen, das heißt das Rückführen des Hundeführers zur Versteckperson.*

RETTUNGSHUNDE-SPEZIAL

- *Für Mantrailer: Riech. Im Einsatz hat man nicht immer einen tragbaren Geruchsartikel zur Verfügung. Manchmal ist es erforderlich, den Hund von einem Autositz oder Ähnlichem anriechen zu lassen oder von einer Stelle im Gelände, die die gesuchte Person sicher berührt hat (zum Beispiel ein Stein, auf dem sie gesessen hat). Viele Hundeführer glauben, dass der Gegenstand in der Tüte ihrem Hund als Signal für das Verhalten „nimm diesen Geruch auf" ausreicht. Man muss sich aber klar machen, dass der Hund später den Geruch verfolgen wird, den man ihm zuvor gezeigt hat. Und wenn dieses Anriechen nicht präzise auf Signal erfolgt, haben wir unter Umständen nur wenig Kontrolle darüber, was der Hund denn während der Suche eigentlich tut. Durch das saubere Antrainieren des Signals „Riech" erleichtern wir uns (und vor allem dem Hund) die Arbeit also ganz erheblich.*
- *Für Mantrailer: Such. Es empfiehlt sich, dem Hund beizubringen, dass er mit der Suche erst dann beginnt, wenn der Hundeführer auch wirklich bereit ist, den Geruchsartikel sicher verstaut hat, die Leine sortiert hat usw. Nach dem Suchbeginn benötigen Hund und Hundeführer volle Konzentration und nichts ist für den Hund frustrierender als ein Leinenruck gleich zu Anfang, weil der Hundeführer sich noch nicht fertig organisiert hat, der Hund aber schon hochmotiviert starten möchte.*
- *Für das Detachieren bzw. auch die Arbeit in der Fläche: die Richtungsweisung, meist durch einen ausgestreckten Arm des Hundeführers signalisiert. Um für den Hund körpersprachlich besonders klar zu sein, empfiehlt es sich übrigens, nicht nur wie ein Verkehrspolizist den Arm zu bewegen, sondern mit dem ganzen Körper (oder zumindest mit dem Oberkörper) zu „sprechen". Das heißt, eine Bewegung des Kopfes und des Schultergürtels in die gewünschte Richtung erleichtert dem Hund zu verstehen, was man von ihm möchte.*
- *In den Trümmern oder auch in der Fläche in der Nähe von Steilabhängen, befahrenen Straßen oder Eisenbahnlinien: Steh. Über die möglicherweise lebensrettende Bedeutung dieses Signals brauchen wir keine Worte zu verlieren.*

Dem aufmerksamen Leser wird nun vermutlich aufgefallen sein, dass das allfällig gebrauchte Signal „Such und Hilf" in dieser Liste nicht auftaucht. Die Frage nach dem Warum beantwortet sich nach der Lektüre dieses Kapitels schon selbst: Der Hund hat die ganzen Begleitumstände zu Beginn einer Suche natürlich mit verknüpft und braucht die gesprochene Formel „Such und Hilf" nicht mehr, um den Turbo zu zünden.

Schon das Rascheln einer Maus im Herbstlaub kann den Hund von seiner Aufgabe ablenken.

Ablenkung

Unter **Ablenkung** verstehen wir im Wortsinne das Ab-Lenken vom ursprünglichen Weg. Man ändert also unterwegs die Richtung. Im Hundetraining fassen wir unter diesem Begriff die sogenannte **konkurrierende Motivation** zusammen, also alle Umweltreize, die die Aufmerksamkeit des Hundes auf sich lenken.

Im Lernverhalten ist Ablenkung etwas ganz Normales. Wir Menschen kennen das auch: Hat man die Wahl zwischen einer großen Belohnung in etwas fernerer Aussicht und einer kleinen Belohnung sofort, wird man sich eher für Letzteres entscheiden. Diese Kurzsichtigkeit operanten Verhaltens ist ganz natürlich und zeigt sich zum Beispiel im Phänomen des Schuleschwänzens. Die Gesamtbelohnung (nämlich der erfolgreiche Schulabschluss, für den ein regelmäßiger Schulbesuch aber unabdingbar ist) liegt noch in weiter Ferne und ist daher aus momentaner Sicht nicht so erstrebenswert wie die Verlockung eines freien Tages zu Hause vor dem Fernseher oder dem Computer, die ich jetzt sofort bekommen kann.

Bereits um 1970 wurde das sogenannte Marshmallow-Experiment bekannt: Man ließ Kinder in einem Raum allein und erklärte ihnen, dass sie den Versuchsleiter jederzeit mittels einer Glocke herbeirufen könnten. Dann würden sie eine Süßigkeit erhalten (daher der Name der Versuchsreihe). Warteten sie jedoch, bis der Versuchsleiter von allein zurückkäme, erhielten sie zwei Süßigkeiten. Kinder, die das geduldige Warten von etwa 15 Minuten aushielten, zeigten später tendenziell höhere kognitive und soziale Fähigkeiten und eine höhere Frustrations- und Stresstoleranz sowie allgemein eine bessere Leistungsbereitschaft im schulischen Bereich.

Ablenkung von außen

Zurück zum Hundetraining. Ablenkung kann wiederum ganz vielfältig sein:

Unter Ablenkung „von außen“ verstehen wir alle Sinnesreize, die für den Hund wahrnehmbar sind und die als Ablenkung wirken. Dies kann optischer Art sein – dort sind es vor allem die dynamischen Reize, das heißt schnelle Bewegungen, die als Ablenkung wirken. Hunde sind genetisch darauf programmiert, auf solche Dinge quasi automatisch zu reagieren; es könnte ja ein potenzielles Beutetier sein, das man sich nicht entgehen lassen darf. Auch andere Hunde werden als eventuelle Spiel- bzw. Jagdpartner gern als Verleitung angenommen.

Das Nasentier Hund lässt sich natürlich auch von olfaktorischen Reizen ablenken. Da wären in erster Linie läufige Hündinnen zu nennen, aber auch der Geruch von Katzen oder fremden Hunden stellen für unseren Hund im Training wunderbare Verlockungen dar.

Je nach Veranlagung und „Lerngeschichte“ des Hundes sind auch akustische, also hörbare Reize ein Thema für die Ablenkungen. Zu nennen wären hier beispielsweise bellende Artgenossen oder auch andere Geräusche, die für den Hund eine Bedeutung haben, wie das Läuten der Türglocke, das Klappern des Futternapfes usw.

Ablenkung von innen

Es gibt aber auch Hunde, deren Ablenkung eher „von innen“ kommt. Hiervon sind besonders impulsive Typen betroffen, die sich insgesamt eher sprunghaft und wenig systematisch verhalten. In der Humanmedizin schlägt die Diskussion um die Krankheit ADHS (Aufmerksamkeits-Defizit und Hyperaktivitäts-Störung) immer wieder hohe Wellen.
Ob es diese Krankheit nun tatsächlich gibt oder nicht, sei dahin gestellt, aber beobachtet man manche Hunde, könnte man auf den Gedanken kommen, dass auch sie zu dieser Art von Lebewesen gehören, denen es einfach grundsätzlich schwerfällt, sich auf eine Sache zu konzentrieren. Im Grunde liegt dies daran, dass sie nicht gelernt haben, Prioritäten zu setzen, das heißt Wichtiges von Unwichtigem zu unterscheiden. Zeigt ein Hundewelpe das ihm angeborene Explorations-, also Erkundungsverhalten, so sucht er sich damit selbst Aufgaben, die die Herausbildung bestimmter Vernetzungen von Nervenzellen fördern. Dies wiederum fördert die **Konzentration** und reduziert somit die Ablenkbarkeit.
Wächst ein Welpe nun in einer reizarmen Umgebung auf wie in einem Zwinger, können sich diese Vernetzungen im Gehirn nicht oder nur unvollständig herausbilden und es scheint, als würden dadurch Verhaltensprobleme wie Fahrigkeit, Ruhelosigkeit und eben Konzentrationsstörungen begünstigt. Natürlich gibt es hier zwischen den Rassen und auch zwischen den einzelnen Individuen einer Rasse oder sogar eines Wurfes Unterschiede.

Natürlich muss bei der Beurteilung der Ablenkbarkeit auch dem Alter bzw. dem Entwicklungsstadium eines Hundes Rechnung getragen werden. In der **Sozialisierungsphase** ist das Gehirn damit beschäftigt, möglichst viele neue Eindrücke aufzunehmen und abzuspeichern. Die Unterscheidung zwischen Wichtigem und Unwichtigem ist in dieser Phase der neurologischen Entwicklung noch nicht möglich (und auch nicht sinnvoll) und daher liegt es sozusagen in der Natur der Sache, dass ein Hund dieses Alters sich ständig von allem und jedem ablenken lässt.
In der **Pubertät** wird das bisher Gelernte nochmals überprüft und gegebenenfalls im Gehirn neu abgespeichert oder umstrukturiert. Bei diesen „Umbauarbeiten“ ist Ablenkung im Training ebenfalls ganz normal.

Erst nach der **Adoleszenzphase** ist die Gehirnentwicklung vollständig abgeschlossen und damit auch das Verhalten einigermaßen gefestigt. Halten wir uns vor Augen, dass diese Phase meist bis zum Alter von 2,5 bis 3 Jahren dauert, bei großen Rassen sogar bis zu 4 Jahren, dann erscheint es uns nachvollziehbar, dass auch ein körperlich erwachsener Hund noch seine „spinnerten Phasen" haben kann und darf.

Steigerung der Ablenkung

In der Ausbildung gilt natürlich der Grundsatz, immer mit möglichst wenig Ablenkung zu beginnen und diese dann langsam (!) und schrittweise (!) zu steigern. Eines der Hauptprobleme in der Hundeausbildung liegt meines Erachtens darin, dass das Verhalten nicht genügend geübt bzw. gefestigt wurde, bevor man zur Arbeit unter Ablenkung übergeht. Die Verknüpfungen im Gehirn sind einfach noch nicht stabil genug, um eine Erschwernis schon erfolgreich bewältigen zu können. Erinnern wir uns daran, dass Hunde alle Umwelteinflüsse, die zur Zeit des Trainings geherrscht haben, mit verknüpfen und dass somit jede Veränderung eine neue Trainingssituation darstellt.

Hat man ein Verhalten unter Basisbedingungen trainiert und möchte nun die Ablenkung ein wenig steigern, empfiehlt es sich, die Anforderung an die eigentliche Übung etwas zurückzuschrauben. Hat der Hund beispielsweise im Wohnzimmer gelernt, sich auf Signal hinzusetzen und einige Sekunden sitzen zu bleiben, wird man ihn die Übung beim nächsten Mal in einer anderen Umgebung ausführen

RETTUNGSHUNDE-SPEZIAL

Dem angehenden Rettungshund werden wir den Beginn der Ausbildung ebenfalls möglichst leicht machen und ihn in eine Umgebung bringen, wo er die anderen Hunde nicht hört oder sieht, wo keine Baumaschinen laufen, keine Enten schnattern und keine Spaziergänger ihn „süß" finden. Außerdem kann man daran denken, junge Hunde am Anfang des Übungsbetriebes dranzunehmen, damit das Gebiet noch nicht zu stark mit geruchlichen Ablenkungen (zum Beispiel durch Futterreste) kontaminiert ist.

lassen. Diesmal belohnt man ihn allerdings gleich für das Hinsetzen auf Signal und wartet nicht noch einige Sekunden bis zur Belohnung. Zu groß ist die Gefahr, dass er vorzeitig aufsteht, um die neue Umgebung zu erkunden – und dann haben wir ein Problem, denn unser Signal „Sitz“ bedeutet ja eigentlich, dass er sich hinsetzen und sitzen bleiben soll, bis wir ihm etwas anderes sagen.
Ideal ist es übrigens hier, die Ablenkung als funktionalen Bestärker einzusetzen: Hat der Hund das gewünschte Verhalten gezeigt, lassen wir ihn sofort danach zur Belohnung das tun, was er in diesem Moment am liebsten möchte – nämlich sich der Ablenkung widmen. Mit etwas Management haben wir also mit der Ablenkung einen sehr wirksamen Bestärker in unserem Repertoire, den wir uns nur zunutze zu machen brauchen.

RETTUNGSHUNDE-SPEZIAL

Beim Mantrailing sind Ablenkungen oft ein großes Problem. Hat man einen gut motivierten Hund, der aber ständig durch Umweltreize aus der Suche geworfen wird, kann man eine erfolgreich bewältigte Ablenkung als gewünschtes Verhalten markieren und als Belohnung darf der Hund weiter suchen. Sieht der Hund also während der Trailarbeit eine Katze und entschließt sich aber, diese lediglich eines kurzen Seitenblickes zu würdigen, um sich sofort danach wieder seiner eigentlichen Aufgabe zuzuwenden, kann der Hundeführer (oder die Begleitperson) ihn dafür verbal loben oder einen sekundären Bestärker einsetzen.

Generalisieren und Diskriminieren

Hat man einen Hund, der im Training stark zur Ablenkbarkeit neigt, hilft wie fast immer systematisches Generalisieren und Diskriminieren, das heißt viel, viel üben und dabei die Anforderungen immer so gestalten, dass der Hund sie aus eigener Kraft, also ohne Hilfe, erfüllen kann. Je mehr man übt, desto leichter fällt es dem Hund. Er lernt also quasi auch das Üben.
Bei Hunden mit sehr starken Konzentrationsstörungen, die über längere Zeit andauern, sind aber eventuell auch andere Maßnahmen angebracht. Hier wäre eine tierärztliche Abklärung auf jeden Fall angeraten, die eine Untersuchung der Schilddrüsenfunktion, der Sinnesorgane, des Blutbildes, eine Überprüfung der

Nicht jeder Hund geht immer so „gechillt“ durchs leben und muss daher auch lernen zu entspannen.

Fütterungspraxis usw. umfassen sollte. Zusätzlich helfen solchen Hunden Konzentrationsübungen, der Aufbau der sogenannten **konditionierten Entspannung** (siehe unten) und eine ausreichende körperliche Auslastung mit ruhigen, gleichförmigen Bewegungen wie am Fahrrad laufen, joggen oder auch schwimmen.
Natürlich dürfen junge Hunde dabei keinesfalls überanstrengt werden und auch beim erwachsenen Hund gilt hier: Alles in Maßen. Schließlich will man sich keinen Marathonläufer heranziehen, der später ständig nach dieser Art von Bewegung verlangt. Auch eine Ernährungsumstellung kann hier angebracht sein. Diese Maßnahmen müssen aber unbedingt unter Aufsicht eines sehr kompetenten Hundetrainers oder eines Tierarztes mit verhaltenstherapeutischer Zusatzausbildung durchgeführt werden.
Insgesamt gilt beim Thema Ablenkung: *„Keep calm and carry on!"* – Ruhig bleiben und weiter machen! Gerade in diesem Bereich kann man durch überhastetes Vorgehen einiges falsch machen bzw. man riskiert Rückschritte im Training. Der Hund ist abgelenkt, der Hundeführer wird ungeduldig, weil der Hund nicht so „funktioniert" wie erhofft oder wie gewohnt. Der Hund spürt diesen emotionalen Druck seines Menschen, gerät in einen Konflikt und wird dadurch noch hektischer. In der Folge wird das Verhalten des Hundes immer mehr von dem abweichen, was wir eigentlich trainieren wollten bzw. was wir bereits trainiert haben.
Ruhiges, überlegtes Vorgehen ist hier angesagt. Notfalls bricht man das Training an dieser Stelle eben ab bzw. beendet es mir einer sehr einfachen Basisübung, um an anderer Stelle weiter zu machen. Und wenn es beim Training doch einmal zu einem ganz ungeplanten Zwischenfall kommen sollte – *„Das Leben ist bunter"* –, dann hilft es, das einfach unter „dumm gelaufen" abzuhaken. Man kann nicht immer alles bis ins kleinste Detail perfekt durchplanen. So ist es eben. Morgen ist ein neuer Tag und es gibt eine neue Gelegenheit, mit dem erfolgreichen Training fortzufahren.

Konditionierte Entspannung

Beim Training mit dem Hund und auch im alltäglichen Umgang stellen wir immer wieder fest, dass unsere Hunde oft nicht recht bei der Sache sind. Viele Hunde lassen sich allzu leicht durch äußere Reize ablenken wie oben beschrieben. Oft geraten besonders unerfahrene Hunde dann in eine so hohe **Erregungslage**, dass sie kaum noch ansprechbar sind, und das behindert natürlich das Training. Daher ist es sinnvoll, bereits den jungen Hund auf ein bestimmtes Signal zu konditionieren, welches es ihm ermöglicht, seinen Stresspegel ein wenig herunterzufahren und wieder umzuschalten vom rein instinktgesteuerten Verhalten auf den „Denkmodus".

Man darf nun allerdings nicht erwarten, dass ein Hund, der konditionierte Entspannung gelernt hat, für alle Zeiten „gechillt“ durchs Leben läuft. Das Wesen des Individuums wird man dadurch nicht verändern können, aber es ist ein kleiner Kunstgriff, der es uns ermöglicht, den Teufelskreis aus Erregung und Instinktverhalten zu durchbrechen und wieder einen Fuß in die Tür zu bekommen. Von dem Spalt, der sich dadurch bildet, können wir trainingsmäßig ausgehen und daran arbeiten, dass er zuverlässig offen bleibt bzw. in Zukunft noch größer wird. Wir bedienen uns beim Antrainieren der konditionierten Entspannung der **klassischen Konditionierung**. Erinnern wir uns: Mehrere Reize, die gleichzeitig auftreten, werden im Hundehirn miteinander verknüpft. Ist diese Verknüpfung stabil genug (das heißt, wurde sie oft genug wiederholt), können wir die damit verbundenen Empfindungen auch in anderen Situationen hervorrufen, indem wir nur einen der Reize setzen. Um beim Hund ein Gefühl der Entspannung hervorzurufen, wählt man am besten einen Zeitpunkt und einen Ort, an dem der Hund sich sowieso normalerweise entspannt, also zum Beispiel nach dem Fressen auf seinem Schlafplatz.

In diesen Phasen wird im Hundehirn das Hormon **Oxytocin** ausgeschüttet. Wie wir bereits gesehen haben, ist es maßgeblich an der Entstehung der guten Gefühle wie Geborgenheit und soziale Bindung beteiligt. Um die Oxytocin-Ausschüttung im Gehirn anzuregen, berühren wir den Hund sanft an Stellen, die er gern mag. Dies ist natürlich individuell unterschiedlich, die meisten Hunde genießen es jedoch, beispielsweise an den Schultern oder an den Flanken gestreichelt zu werden. Wer möchte bzw. wessen Hund das offenbar gern hat, kann auch eine sanfte Massage durchführen, entweder mit den Händen oder mit einer weichen Gummibürste. Diese Phase kann dazu genutzt werden, herauszufinden, wo und in welcher Intensität der Hund die Streicheleinheiten am liebsten mag.
In der nächsten Phase setzen wir dazu den akustischen Reiz, indem wir ein bestimmtes Wort sagen, das später die konditionierte Entspannung signalisieren soll. Geeignet sind Wörter wie „Easy“, „Relax“ oder auch „Ruhe“. Natürlich sprechen wir mit leiser Stimme und in beruhigendem Tonfall. Wichtig ist hierbei das **Timing**: Zunächst sagt man das gewählte Wort, dann erst erfolgt die Berührung, dann nimmt man die Hand bewusst wieder weg, sagt wieder das Wort, streichelt wieder kurz usw.
Unterstützen kann man den Entspannungsprozess außerdem durch einen bestimmten Geruch wie durch ein Lavendelsäckchen oder etwas Kamille, Jasmin, Rose oder Zitrone (all diese Düfte senken nachweislich das Erregungsniveau), welches immer während dieser Phasen neben den Hund gelegt wird. Man kann die ätherischen Öle auch auf ein Halstuch tropfen und dieses dem Hund während der Übung umbinden.

Auch optische Reize, wie eine bestimmte Decke oder sonst ein Gegenstand, können in diesen Situationen damit verknüpft werden. All diese Dinge können später dazu verwendet werden, die konditionierte Entspannung beim Hund auszulösen, wenn es denn notwendig ist. Hat man beispielsweise einen Hund, der in unbekannter Umgebung eher gestresst und stark unruhig reagiert, kann ihm diese ganz bestimmte Decke dabei helfen, sich entspannt hinzulegen, denn er hat ja zuvor gelernt, dass in Anwesenheit dieser Decke immer angenehme Dinge passieren und dass diese Decke angenehme Gefühle in ihm auslöst.

RETTUNGSHUNDE-SPEZIAL

Im Rettungshundebereich kommt es öfter vor, dass Hunde besonders aufgeregt sind, wenn sie aus dem Auto geholt werden. Dieser Erregungszustand wird durch die Verknüpfung der äußeren Umstände hervorgerufen, wie die Fahrt im Dienstfahrzeug, die Anwesenheit am Übungsort, die Anwesenheit der zwei- und vierbeinigen Staffelkameraden, der Geruch des Belohnungsmaterials, welches im Rucksack aufbewahrt wird, die Erwartung der kommenden Aufgabe usw.

Da sich diese Umstände nur sehr schwer kontrollieren lassen, wird die Aufregung bei manchen Hunden mit der Zeit immer schlimmer, je länger sie im Auto warten müssen. Sind sie dann endlich an der Reihe, fällt es ihnen oft schwer, sich auf die eigentliche Aufgabe zu konzentrieren. Daraus resultieren dann Übersprunghandlungen wie unkontrolliertes Herumkläffen, in die Leine beißen, sich im Kreis drehen oder auch aggressives Verhalten gegenüber den anderen Hunden. Manche Hunde rennen auch nach dem Start erst einmal völlig kopflos durch die Gegend, ohne die Nase einzusetzen.

Im Sinne eines vollständig abgesuchten Gebietes ist dieses Verhalten im Realeinsatz natürlich problematisch. Hier kann die konditionierte Entspannung helfen, den Hund ein wenig „herunterzufahren". Wichtig ist, ihm danach eine kleine Aufgabe zu geben, die er gut lösen kann und die mit dem unerwünschten Verhalten unvereinbar ist, wie zum Beispiel Sitz.

Ist die Grundkonditionierung erfolgt – was bei richtiger Anwendung relativ schnell geht – kann das **Entspannungssignal** gegeben werden, sobald der Hund in Erregung gerät. Dadurch sollte der Hund wieder ansprechbar werden, damit ein Alternativverhalten abgerufen werden kann. Dieses muss natürlich regelgerecht bestärkt werden.

Wichtig bei dieser Art der Entspannung ist außerdem noch, dass die einmal antrainierten Reiz-Signal-Verknüpfungen immer wieder neu etabliert werden müssen. Das konditionierte Signal muss immer wieder „aufgeladen" werden, besonders wenn es schon mehrmals im Ernsteinsatz war. Man sollte sich also angewöhnen, regelmäßige Entspannungseinheiten in Verbindung mit Berührung oder Massage, Wort, Geruch und anderen Reizen durchzuführen.

Bei Hunden, die sich über längere Zeit auf hohem Erregungsniveau befinden, weil sie zum Beispiel **Angst** vor einem Gewitter haben, kann es sehr hilfreich sein, ihnen einen sicheren Ort anzubieten, an dem sie sich – so gut es geht – entspannen können. Hier könnte man das Entspannungstraining beispielsweise in einer Box durchführen und auch die Verknüpfung mit einem länger andauernden Reiz, wie mit einem bestimmten Duft, ist hier besonders angebracht.

Einsatzmöglichkeiten für die konditionierte Entspannung sind beispielsweise die Deeskalation eines zu wilden Spiels, ein frühzeitiges (!) Eingreifen in das Jagdverhalten oder auch die Konzentration des Hundes auf eine kommende Aufgabe.

Sowohl die körperliche als auch die geistige Konstitution können das Lernverhalten beeinflussen. Dieser Hund ist aufmerksam bei der Sache und wartet auf seine nächste Aufgabe.

Was das Lernverhalten noch beeinflusst

Auch wenn alle bisher aufgeführten Anleitungen, Ratschläge und Tipps für die Erziehung und Ausbildung eines Hundes eingehalten und durchgeführt werden, gibt es noch eine Reihe anderer Faktoren, die das Lernverhalten des Hundes beeinflussen können.

Gesundheit

Die Gesundheit des Hundes kann in verschiedener Weise sein Lernverhalten beeinflussen. *„Mens sana in corpore sano"* – in einem gesunden Körper wohnt ein gesunder Geist, wie schon der römische Dichter Juvenal wusste. Daher sollten wir als Trainer auch immer den Gesundheitszustand unseres Hundes im Blick haben bzw. falls es im Training Probleme gibt, wissen, wann es an der Zeit ist, die körperliche Seite mit abklären zu lassen.
Zum einen wäre hier der **Bewegungsapparat** des Hundes zu nennen, bestehend aus Knochen, Muskeln, Nerven und Gelenken. Vor Beginn einer Ausbildung, bei der der Hund körperlich gefordert sein wird, empfiehlt sich ein Gesundheits-Check beim Tierarzt. Auch sollte der Hund von einem Fachtierarzt oder einer tierphysiotherapeutisch geschulten Person gründlich durchbewegt und durchgetastet werden. Bei Unklarheiten hilft eine genaue Gangbildanalyse mit Videounterstützung.
Mit dem Bereich des Bewegungsapparates ist auch das leidige Thema **Übergewicht** verknüpft. Ein Tierarzt sagte kürzlich zu mir, er sähe in seiner Praxis mittlerweile kaum noch normal schlanke, gut bemuskelte Hunde. Die allermeisten Hunde seien übergewichtig – und je nach Größe des Hundes können 3 kg zu viel schon eine ganze Menge sein! Zu viel Speck auf den Rippen verändert bekanntlich nicht nur den Stoffwechsel (übrigens mit ganz ähnlichen Folgen wie beim Menschen, die hinlänglich bekannt sind), sodass die gesamte körperliche Belastbarkeit leidet. Ein zu dicker Hund muss das Übergewicht auch wörtlich ständig mit sich herumtragen und das geht natürlich zulasten von Knochen und Gelenken. Ganz zu schweigen davon, dass ein Hund mit Übergewicht einfach träge und faul wird und sich dies natürlich nachteilig auf die **Motivation** im Training auswirkt.

Je nachdem, welche **Ausrüstung** man im Training benutzt, kann diese auch das Wohlbefinden des Hundes beeinträchtigen. Geschirre sollten immer gut gepolstert sein und besonders bei noch nicht so gut trainierten Hunden auch dann gut sitzen, wenn der Hund einmal an der Leine zieht. Halsbänder (wenn man sich denn entscheidet, sie zu verwenden) müssen unbedingt so breit sein, dass sie

RETTUNGSHUNDE-SPEZIAL

Für den Mantrailer-Hund sollte man sich beim Kauf des Suchgeschirrs von fachkundiger Seite beraten lassen, welches Geschirr für welchen Hund am besten geeignet ist. Wichtig sind hier wieder eine gute Polsterung und ein freier Hals, auch wenn der Hund an der Suchleine zieht und das Geschirr deswegen vorne etwas nach oben rutscht. Andererseits darf die Zugkraft des Hundes nicht ausschließlich auf den Schultern ruhen, da sonst die Bizeps-Sehne gereizt werden kann. Wichtig ist ein Zugpunkt (also der Ring auf dem Rücken, wo die Leine eingehakt wird) nicht zu weit vorne, damit der Hund den Schub seiner Hinterbeine optimal ausnutzen kann.

bei Zug die Luftröhre nicht einengen und auch keinen Schaden anrichten können, falls der Hund einmal unvermittelt in die Leine springt. Dass Würge- und Stachelhalsbänder in einer modernen, tiergerechten Ausbildung nichts verloren haben, versteht sich hoffentlich von selbst.

Auch sonstige **Krankheiten** des Stoffwechsels, des Nervensystems oder auch des Herz-Kreislauf-Systems können die Leistungsfähigkeit des Hundes natürlich nachhaltig einschränken. Besteht auch nur der geringste Verdacht einer Erkrankung, sollte der Hund zuerst gründlich untersucht werden, bevor man das Training fortsetzt. Und zeigt ein bisher gesunder Hund im Training plötzlich einen Leistungseinbruch, ist auch hier ein Besuch beim Tierarzt angezeigt. Denken wir immer daran: Der Hund ist uns in jeder Hinsicht ausgeliefert. Er kooperiert mit uns täglich auf wunderbare Weise. Und im Gegenzug ist es unsere Aufgabe, möglichst optimal für sein Wohlergehen zu sorgen.

Angst und Unsicherheit

In der jüngsten Vergangenheit findet das Thema **Angst** beim Hund zunehmend Beachtung. Dies resultiert daraus, dass man heutzutage mehr über Verhalten und **Körpersprache** unserer Haushunde weiß und ihre Stimmungen daher viel besser einschätzen kann. Grundsätzlich muss man sich vor Augen halten, dass Angst aus biologischer Sicht etwas ganz Normales und auch durchaus Sinnvolles ist. Für die Erhaltung einer Art wäre es ja nicht förderlich, wenn sich sämtliche Individuen völlig angstfrei in jede unbekannte bzw. riskante Situation stürzen würden. Die Gefahr einer (vielleicht tödlichen) Verletzung wäre viel zu groß und das Überleben des Individuums und somit der ganzen Art hinge allein vom glücklichen Zufall ab. Daher hat die Evolution die Angst sozusagen als Bremse eingebaut.

Bei unseren Haushunden kommt noch dazu, dass sie die letzten 30.000 Jahre damit verbracht haben, sich an das Zusammenleben mit dem Menschen anzupassen. Die Domestikation (Haustierwerdung) brauchte eben ihre Zeit. Seit einigen Jahrzehnten verändert sich die Welt, in der wir leben, allerdings in atemberaubendem Tempo, mit dem auch manche Menschen nicht Schritt halten können.
Die Zahl der Reize, die auf das Individuum einwirken, wächst ständig in Form von Verkehrsmitteln, Werbetafeln und elektronischen Medien. Das Leben nimmt immer mehr an Geschwindigkeit zu. Wir Menschen versuchen, mit dieser Entwicklung durch effektives Zeitmanagement und ausgeklügelte Organisation Schritt zu halten. Dies gelingt uns mehr oder weniger gut. Viele Hunde jedoch sind mit der Komplexität des Alltags einfach überfordert. Sie bekommen häufig nicht die Zeit, die sie bräuchten, um sich mit Neuem auseinanderzusetzen. Und unbekannte, rätselhafte Dinge erzeugen in der Regel ganz einfach Angst.

Das Thema Angst bei Hunden ist ein sehr weites Feld und kann vielerlei Ursachen haben, ebenso wie sie sich in den verschiedensten Ausprägungen bemerkbar machen kann. Inzwischen weiß man beispielsweise, dass sich dieses Gefühl bei Hunden nicht nur durch eine eingezogene Rute und Fluchtbewegungen bemerkbar macht, sondern dass es eine Vielzahl anderer körpersprachlicher Signale gibt, mit denen Hunde ihre Unsicherheit zum Ausdruck bringen. Auch dazu existiert hervorragende Literatur. Wichtig ist auf jeden Fall, die Gesamtheit der hundlichen Ausdrucksmöglichkeiten zu betrachten und sie fachlich korrekt zu beurteilen, um das Verhalten des Hundes als Ganzes verstehen und im Training entsprechend darauf reagieren zu können. Eine Videoanalyse kann hier übrigens gute Dienste leisten. Oft sieht man erst auf den zweiten Blick, was der Hund da gerade eigentlich tut bzw. getan hat, was seine Körpersprache uns sagt. Auch ein Abspielen der Aufzeichnung in Zeitlupe kann zu neuen Erkenntnissen führen. Für unsichere Hunde gelten im Training dieselben Regeln wie für alle anderen auch, allerdings mit der Erweiterung, dass diese Individuen meist mehr Zeit brauchen, um bestimmte Dinge zu lernen. Je nachdem, worin das Angstproblem genau besteht, fällt es diesen Hunden oft schwer, von sich aus Neues auszuprobieren und der Trainer muss hier besonders genau darauf achten, bereits die

RETTUNGSHUNDE-SPEZIAL

In der Rettungshundearbeit wird man kaum Hunde mit echten Angstproblemen finden. Die Anforderungen an (zukünftige) Rettungshunde sind einfach in ihrer Gesamtheit zu hoch und so wird man Hunde, die ein wirklich belastendes Angstproblem haben, das auch auf Dauer nicht zu lösen ist, aus der Arbeit nehmen bzw. gar nicht erst mit der ernsthaften Ausbildung beginnen.

Aber auch Hunde, die nicht offensichtlich ängstlich sind, zeigen bei näherem Hinsehen oft Anzeichen von Unsicherheit. Auch hier leistet eine Videoanalyse hervorragende Dienste und hat schon so manchem Hundeführer, der glaubte, sein Hund sei völlig unbefangen, buchstäblich „die Augen geöffnet". Unsicherheiten zeigen sich vor allem in den Situationen, in denen der Hund die Versteckperson auffindet und anzeigen soll. Besonders bei der Verbellanzeige ist der Hund ja förmlich gezwungen, sich mit der Versteckperson auseinanderzusetzen, da er möglichst nahe bei ihr bleiben und sie verbellen soll – und am Ende bekommt er auch noch die Belohnung von ihr, das heißt, er muss sich ihr annähern und eventuell sogar noch mit ihr spielen. Diese Situation ist aus hundlicher Sicht überhaupt nicht artgemäß und daher für den Hund oft sehr stressbehaftet.

Eine Möglichkeit, die Angelegenheit zu entspannen, besteht beispielsweise darin, dass der Hund die Belohnung nicht von der Versteckperson bekommt, sondern tatsächlich vom Hundeführer. Die Versteckperson hat die Belohnung zwar im Versteck dabei, aber der Hundeführer nimmt sie ihr nach der erfolgreichen Anzeige ab und gibt sie dem Hund. Der Hund kommt so gar nicht in die Verlegenheit, sich mit der Versteckperson näher beschäftigen zu müssen. Diese Vorgehensweise läuft analog zu allen anderen Suchaufgaben, die man Hunden stellt. Ob sie nun Teebeutel suchen, Schimmelpilze oder Sprengstoff: Die Belohnung für das Anzeigeverhalten kommt immer vom Hundeführer – warum also nicht auch bei der Personensuche? Hunde, die auf diese Art ausgebildet wurden, zeigen erfahrungsgemäß weniger unsicheres Verhalten und auch weniger unerwünschte Übersprunghandlungen an der Versteckperson. Sie können diese sozusagen neutraler betrachten.

allerkleinsten Ansätze zum erwünschten Verhalten positiv zu bestärken, um dem Hund das Gefühl zu geben, dass er sich auf der „sicheren Seite" befindet und dass ihm im Rahmen dieses Trainings nur gute Dinge passieren werden. (Es versteht sich von selbst, dass dies dann auch tatsächlich gewährleistet sein muss!) Ein besonders ruhiger, gelassener Trainer, der dem Hund das Gefühl vermittelt, alles im Griff zu haben, hilft diesen Hunden oft schon allein durch sein souveränes Auftreten enorm weiter.

Des Weiteren sollte bei diesen Hunden speziell darauf geachtet werden, möglichst alle angstbesetzten Elemente durch das Training positiv zu belegen. Habe ich beispielsweise einen Hund, der sich gegenüber fremden Menschen reserviert zeigt, werde ich ihm mittels positiver Bestärkung beibringen, dass fremde Menschen etwas Gutes sind. Dies kann erreicht werden, indem man zum Beispiel jede fremde Person auf dem Spaziergang, die der Hund wahrnimmt, mit einer positiven Bestärkung markiert. Der Hund wird somit eine optimistische Grundhaltung gegenüber Fremden entwickeln.
Natürlich kann diese Vorgehensweise nicht automatisch alle Probleme unsicherer Hunde lösen. Aber es ist schon einmal ein guter Ansatz, um ihnen das Alltagsleben, das für sie auf Dauer wirklich sehr stressreich sein kann, ein wenig zu erleichtern.

Über- und Unterforderung des Hundes

Als **Überforderung** (die im Hundetraining erfahrungsgemäß weit häufiger vorkommt als ihr Gegenteil) bezeichnet man die *„Gesamtheit von Anforderungen, zu deren erfolgreichen Bewältigung bzw. zur Erfüllung die Ressourcen bzw. Fähigkeiten, (...) nicht ausreichen"*.

Bei Hunden gibt es vielfältige Ursachen für Überforderung. Häufig stellt man bei überforderten Hunden fest, dass sie insgesamt **zu wenig Ruhe** im Tagesablauf haben, zum Beispiel wenn es in dem Haushalt, in dem sie leben, oft hektisch zugeht – sei es, weil viele Kinder da sind oder wenn sie in das Tagesgeschehen eines Ladengeschäfts oder eines Büros mit Publikumsverkehr eingebunden sind. Auch zu viel gut gemeinte Aktivität kann Hunde überfordern. Viele Menschen, die sich einen Hund einer aktiven Rasse anschaffen, sind der Meinung, der Hund müsse ausgelastet werden, um zufrieden zu sein. Oft fahren sie den Hund aber dadurch erst richtig hoch, indem sie jeden Tag eine andere Aktivität oder Sportart mit dem Hund ausüben und zusätzlich Ball spielen oder noch wilde Spielstunden mit Artgenossen organisieren. Dabei ist Ruhe eins der wichtigsten Dinge, die ein Hund in unserer hektischen und komplizierten Welt lernen muss.

Auch durch **sozialen Stress** können Hunde überfordert werden, beispielsweise durch eine zwangsweise Vergesellschaftung mit Artgenossen, obwohl zwischen den Hunden grundsätzlich Antipathie herrscht und sie sich selbst nur mit Mühe dazu zwingen können, nicht ständig in Raufereien zu geraten.
Ebenso kann man durch **Umweltstress** Hunde überfordern. So tut man einem eher unsicheren Hund keinen Gefallen damit, wenn man ihn überall hin mitschleppt, damit er „sich daran gewöhnt". Ein Tierschutzhund, der sein bisheriges Leben auf dem Land verbracht hat, kommt zwangsläufig in starken Stress, wenn man ihn plötzlich dem Trubel im Leben einer Familie in einer Reihenhaussiedlung aussetzt.

All diese Dinge (und natürlich noch viel mehr) können Hunde überfordern. An dieser Stelle sei allerdings die Überforderung im Training gemeint – wenn wir Menschen während der Ausbildung zu viel vom Hund verlangen, wenn die Anforderung zu schwierig ist, sodass der Erfolg ausbleibt.
Dies wird meist durch einen **zu großen Lernschritt** ausgelöst, wenn man zum Beispiel beim Erarbeiten einer neuen Übung zu schnell zu viel Ablenkung eingebaut hat (siehe das entsprechende Kapitel). Auch Überhasten, das heißt unüberlegtes und zu schnelles Vorgehen, kann den Hund überfordern. Haben wir dem jungen Hund beigebracht, sich auf Signal hinzusetzen, heißt das noch lange nicht, dass er nun auch Sitz-Bleib kann. Dies ist eine neue Aufgabe, die extra trainiert werden muss.
Manchmal vergisst man als Mensch auch, wie anstrengend das Training für Hunde eigentlich ist, die sich ja alles durch Ausprobieren erarbeiten müssen. Sie können nicht, wie wir Menschen, in Büchern nachlesen, Videos ansehen oder einen Experten fragen. Sie arbeiten ständig nach dem Prinzip von Versuch und Irrtum und sind dauernd damit beschäftigt, die Ergebnisse ihres Tuns mit den Reaktionen ihrer Umwelt und mit dem bereits Erarbeiteten abzugleichen. Dieser dauernde Blindflug ist anstrengend!
Sobald der Hund ermüdet, lässt die **Konzentration** nach und Fehler passieren. Die Belohnung bleibt auf Dauer aus und das frustriert den Hund. Er wird entweder gar nichts mehr tun oder unerwünschtes Verhalten wie Bellen, Hochspringen oder Ähnliches zeigen.
Auch Unklarheiten in den Kriterien können den Hund überfordern. Problematisch sind hier beispielsweise zu ähnliche Signale (wie Sitz und Platz, rechts und links) oder auch „verwaschene" oder widersprüchliche Signale (siehe dazu das Kapitel über Signalkontrolle Seite 103 ff.).
Zu beachten ist, dass Überforderung **Stress** erzeugt. Dadurch werden die generelle Belastbarkeit und auch die Lernfähigkeit erheblich reduziert. Studien haben übrigens gezeigt, dass Menschen, die überfordert sind, eher zu aggressivem Ver-

halten neigten als die Kontrollgruppe, deren Anforderungen eher der Leistungsfähigkeit entsprachen. Wer also mit einem überforderten Hund weiter trainiert, macht die Sache insgesamt nur schlimmer und nicht besser.

Woran erkenne ich aber nun, dass der Hund überfordert ist? Bei andauernder bzw. auch bei zunehmender Überforderung wird der Hund die im Folgenden genannten Verhaltensweisen zeigen. Diese Verhaltensweisen treten übrigens in der Regel genau in der Reihenfolge auf, in der sie hier aufgeführt sind.

- Zunächst wird ein überforderter Hund sichtlich unkonzentriert und fahrig. Dies äußert sich unter anderem in einer Verschlechterung bei der Motorik. Übungen, bei denen es auf bestimmte Bewegungen genau ankommt, wie zum Beispiel die Gerätearbeit, klappen nicht mehr so gut.
- Dem Hund fällt es erkennbar schwer, sich auf die Lernaufgabe zu konzentrieren.
- Dauert die Überforderung an, sind eine erhöhte Nervosität und auch die bereits genannte Reizbarkeit zu erkennen. Manche Hunde neigen dann zum Herumkläffen, Herumhüpfen oder auch zu besonderer Schreckhaftigkeit gegenüber Dingen, die ihnen normalerweise nichts ausmachen. Dies ist allerspätestens der Punkt, an dem der Hund entlastet werden sollte, das heißt, die Anforderungen müssen unbedingt zurückgeschraubt werden. Dies kann geschehen, indem man das Training beendet, den Hund aus der belastenden Situation herausnimmt (zum Beispiel indem man das Gelände verlässt) oder die Umweltbedingungen sonst irgendwie verändert, um dem Hund Erleichterung zu verschaffen.
- Geschieht dies nicht, wird der Hund also weiterhin überfordert, wird sich die Reizbarkeit zur Aggressivität steigern.
- Und schließlich bricht sich der Stress im Organismus Bahn, indem Immunsystem und Stoffwechsel dauerhaft beeinträchtigt sind und der Hund somit anfälliger ist für körperliche Erkrankungen.

Die Zauberformel, um den Hund vor Überforderung zu bewahren, lautet demzufolge ganz einfach: Lieber nur eine kurze Zeit üben, solange der Hund Spaß daran hat, und rechtzeitig aufhören. Dafür kann man dann häufiger einmal eine kurze Übungseinheit einschieben.

Früher war es üblich, eine Übung zu beenden, wenn die Leistung sehr gut war, um Überforderung zu vermeiden. Heute weiß man allerdings, dass das Aufhören für einen hoch motivierten Hund in einer solchen Situation auch eine Strafe sein kann! Daher sollte man nach einer sehr gut absolvierten Übung das Training für diesen Tag nicht ganz beenden, sondern später noch einmal eine leichte Aufgabe stellen, die der Hund sicher beherrscht. So kann man den Lerneffekt möglichst optimal ausnutzen und hält gleichzeitig die Motivation für das Weiterüben hoch. Hat man den Punkt zum Aufhören allerdings überschritten und merkt, dass die Leistung des Hundes nachlässt, sollte man das Training lieber beenden, bevor die Überforderung des Hundes noch weiter zunimmt und man Fehlverknüpfungen und Frust riskiert. Wenn dieses Phänomen allerdings mehr als einmal auftritt, muss man unbedingt Ursachenforschung betreiben, denn dann stimmt in aller Regel etwas mit dem Training nicht.

Grundsätzlich neigen wir Menschen dazu, die Hunde im Training eher zu über- als zu unterfordern. Allzu oft legen wir menschliche Maßstäbe an das Tier an, da wir „die Welt in seinem Kopf" nicht verstehen. Auch der Leistungsgedanke (besser, schneller, länger usw.) ist typisch menschlich und unseren Hunden völlig fremd. Daher tritt im Training eine **Unterforderung** des Hundes eher selten auf, ist aber durchaus auch im Bereich des Möglichen. Sie entsteht, wenn die Anforderungen im Training über längere Zeit hinweg immer niedriger sind als die Fähigkeiten des Hundes, die Anforderungen zu erfüllen. Man mag es kaum glauben, aber auch Unterforderung im Training erzeugt **Stress**, und zwar durch Langeweile.

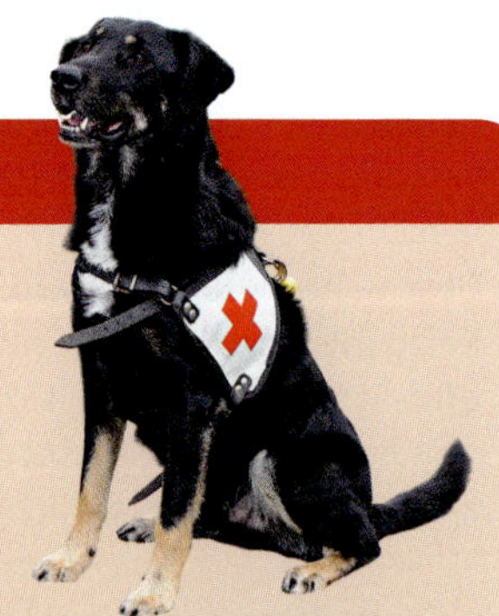

RETTUNGSHUNDE-SPEZIAL

Nehmen wir als Beispiel einen erfahrenen Flächensuchhund, der nun Probleme bei der Anzeige entwickelt. Man wird – natürlich nach gründlicher Ursachenforschung und Problemanalyse – das Training der Anzeige verändern, jedoch gleichzeitig die Suchen beibehalten, damit der Hund motiviert bleibt. Falsch wäre es, das Training dieses Hundes ab sofort allein auf das Problem bzw. dessen Lösung zu reduzieren. Besonders am Anfang, solange man noch mit der Umstellung in der Anzeige beschäftigt ist, ist es wichtig, dem Hund auch etwas zu bieten, woran er wirklich Spaß hat, und das ist in der Regel das Suchen. Bis das neue Anzeigeverhalten genügend etabliert ist, kann man den Hund ja eine Zeit lang sofort nach dem Fund ohne Anzeige belohnen.

RETTUNGSHUNDE-SPEZIAL

Wer einmal ein gutes Mantrailing-Team bei der Arbeit gesehen hat, bei der Hund und Hundeführer gemeinsam völlig zusammenwachsen und eins zu sein scheinen – oder dies vielleicht sogar schon selbst erlebt hat –, hat eine Vorstellung davon, wie „Flow" im Hundetraining sein kann.

Die Anzeichen sind übrigens dieselben wie bei der Überforderung. Auch hier wird man feststellen, dass sich die Leistung des Hundes konstant verschlechtert – allerdings resultiert der Leistungsabfall in diesem Fall aus der Einsicht des Hundes, dass eine niedrigere Leistung ja offenbar auch ausreicht, um an die Belohnung zu kommen.
Man beobachtet dies manchmal bei Mensch-Hund-Teams, die den Trainer wechseln. Beginnt der neue Trainer mit der Ausbildung noch einmal von vorne, wird sich die Leistung des Hundes natürlich zunächst konstant verschlechtern – was den neuen Trainer in seiner Ansicht bestärkt, dass der alte Trainer eben doch alles falsch gemacht hat. Keine guten Voraussetzungen für einen Neustart!

Das Gleichgewicht zwischen Unter- und Überforderung zu finden, erfordert vom Trainer eine Menge Hundeverstand und Augenmaß. Hat man es aber gefunden und läuft das Training eine Zeit lang richtig gut, wird man manchmal mit dem sogenannten **Flow-Erlebnis** belohnt. Darunter versteht man ein völliges Aufgehen in einer Tätigkeit, sozusagen die totale Selbstvergessenheit. Langstreckenläufer kennen dies als den „Runner's high", bei dem nachgewiesenermaßen auch Glückshormone ausgeschüttet werden. Die Beine bewegen sich wie von allein und man hat das Gefühl, ewig weiter laufen zu können. Auch im Hundetraining gibt es solche Sternstunden. Sie sind rar und daher kostbar.

Stress des Hundeführers

Zum Thema **Stress** beim Hund (und beim Menschen) existiert eine ganze Reihe sehr guter Bücher, daher soll dieses Kapitel relativ kurz gehalten werden. Was bei der ganzen Ausbildungstheorie jedoch oft vernachlässigt wird, ist das Thema Stress des Hundeführers.
Wie oft höre ich nach einer Übungssuche auf die Frage, wie es war, als Antwort: „Der Hund war gut ..." Die Ausbildung des Hundes ist meist weniger das Problem, wenn es nicht wie gewünscht klappt. Gerade im Leistungsbereich, also im Sport-, Dienst- und Rettungshundewesen, ist es aber besonders wichtig, dass der Hundeführer in der Lage ist, sich auch bzw. gerade unter erschwerten Bedingungen wie in einer Prüfungs-, Wettkampf- oder Einsatzsituation zu fokussieren, sich auf das Gelernte und auf die Aufgabe zu **konzentrieren** und positiv zu denken.

Nun könnte man meinen, das bisschen Aufregung des Hundeführers sei doch kein Problem, wenn der Hund solide ausgebildet ist. Schließlich wird er das vielfach geübte Verhalten auch in der Schlüsselsituation einfach abspulen können. Immer wieder zeigt es sich jedoch, dass Hunde durch die veränderte Situation durchaus so verunsichert werden, dass sie zum Beispiel beim Gehorsam immer etwas Abstand vom Hundeführer halten und die geforderten Positionssignale nur sehr zögerlich ausführen. Dies liegt daran, dass der Hund natürlich sehr wohl merkt, dass sein Trainingspartner Mensch nervös oder aufgeregt ist oder dass er schlichtweg **Angst** hat.

Ohne, dass wir es willentlich beeinflussen können, verändert sich unter Stress beispielsweise unsere Körperhaltung. Die Schultern werden hochgezogen, der Gesichtsausdruck verändert sich, die Muskeln sind angespannt. Dies ist ein ganz normaler biologischer Vorgang, den die Evolution quasi „eingebaut" hat, um in potenziell gefährlichen Situationen jederzeit fluchtbereit zu sein. Auch die Stimmlage des Menschen ändert sich für den Hund deutlich wahrnehmbar, ebenso wie natürlich der berühmte Angstschweiß, der einen ganz charakteristischen Geruch hat und der dem Hund als allererstes signalisiert, dass hier etwas nicht stimmt.

Die Gesamtheit all dieser Wahrnehmungen verunsichert den Hund und es kann gut sein, dass in dieser Situation manche Dinge, die man zuvor wirklich gut geübt hatte, einfach nicht klappen oder zumindest nicht so wie gewollt. Der etwas selbstironische Spruch „Im Training können wir's immer!", den sich manche Hundesportler auf ihre Wettkampf-T-Shirts drucken lassen, hat durchaus einen wahren Kern.

Wie bereits früher ausgeführt, kann man eine solche Situation nur relativ unzureichend trainieren. Trotzdem schadet es nicht, im Übungsbetrieb für das fortgeschrittene Team ruhig auch einmal ein paar Faktoren einzubauen, die den Hundeführer unter Stress setzen. So lernt der Hund, auch in diesen Situationen zu arbeiten. Denkbar wäre hier beispielsweise, den Puls des Hundeführers zu steigern. Was spricht dagegen, den Hundeführer vor einer Gehorsamsübung mal ein wenig Jogging oder Gymnastik machen zu lassen? Des Weiteren kann man einen Angstgeruch in Form von Kleidungsstücken, die der Hundeführer in einer für ihn angstbesetzten Situation getragen hat (Zahnarztbesuch oder Ähnlichem), dem Hund vermitteln.
Der Angstschweiß wird diesen Kleidern noch anhaften – vorausgesetzt natürlich, sie wurden inzwischen nicht gewaschen. Während der Übung kann man den Hundeführer dann ganz prima durch Denkaufgaben ablenken, indem man ihn zum Beispiel nach der Hauptstadt der Mongolei fragt, ihn einen Satz in einer Fremdsprache sagen lässt oder ihn bittet, eine Rechenaufgabe im Kopf zu lösen oder ein Gedicht aufzusagen.

Diese Übungen können den Hund zumindest ein Stück weit auf den Ernstfall vorbereiten. Trotzdem wird man den Stress im Training nie so realistisch nachstellen können wie in der realen Situation von Wettkampf, Prüfung oder Einsatz.

Leidet der Hundeführer unter starker **Prüfungsangst**, gibt es mittlerweile in diesem Bereich auch hervorragende Möglichkeiten, dem zumindest ein Stück weit abzuhelfen. Es werden spezielle Seminare veranstaltet und Psychologen bieten auch Coachings in Einzelsitzungen an.

Auch wenn ein Welpe sehr schnell lernt, wird es während der weiteren Entwicklung einige Rückschritte bei dem Lernprozess geben.

Lernkurven und Pausen

Es ist nicht nur im Hundetraining ganz normal, dass der Lernzuwachs nicht immer linear, das heißt in einer geraden Linie verläuft. Eine **Lernkurve**, also der Zuwachs an Fähigkeiten, steigt normalerweise anfangs steil an, erreicht nach einer gewissen Zeit einen Höhepunkt und flacht dann wieder ab. Die Kunst besteht darin, das Training zu beenden (idealerweise auf dem Höhepunkt), bevor die Kurve wieder abfällt. Sonst passieren mehr Fehler, die Belohnungsrate sinkt und das verursacht Frust bei Hund und Mensch.

Ein **Lernplateau** bedeutet, dass über längere Zeit keine Steigerung mehr stattfindet, nachdem ein gewisses Niveau erreicht wurde.

Ein **Lernloch** oder auch Einbruch bezeichnet hingegen einen (manchmal unerklärlichen) Rückschritt im Lernprozess. Hierfür müssen zuerst die normalen Entwicklungsphasen des Hundes wie die **Pubertät** oder auch die **Adoleszenzphase** berücksichtigt werden. Auch die bereits genannte **Über-** oder **Unterforderung** und **gesundheitliche** Ursachen müssen in Betracht gezogen und gegebenenfalls ausgeschlossen werden. Manchmal lässt sich aber auch keine plausible Erklärung für einen derartigen Einbruch finden. Oft hilft es dann, sich und dem Hund eine Pause von einigen Tagen oder sogar Wochen zu gönnen, und danach mit neuer Kraft weiterzumachen. (Siehe hierzu die Grafiken auf Seite 134.)

Die Kunst des Nicht-Trainierens

Schlafforscher haben herausgefunden, dass im **Schlaf** dieselben Verknüpfungen im Gehirn nochmals aktiviert wurden, die auch beim Lernen in Betrieb waren. Das Gelernte wird während des Schlafs sozusagen „nachbearbeitet“. Genauer gesagt werden während des aktiven Lernvorgangs in der Hirnrinde neue Verknüpfungen gebildet und im Hippocampus zwischengespeichert. Wenn wir schlafen, sendet der Hippocampus genau diese Informationen wieder zurück an die Hirnrinde, wo eben dieselben Areale und Neuronen wieder aktiviert werden wie während des Trainings selbst.
In der Hirnrinde werden wiederum neue Verbindungen zwischen Nervenzellen geschaffen. Die eigentliche Gedächtnisbildung, die für das Lernen (die dauerhafte Verhaltensänderung) per definitionem unabdingbar ist, erfolgt also buchstäblich im Schlaf. Wir Menschen wissen das schon lange und kennen dies beispielsweise von der Redewendung, dass wir „eine Nacht darüber schlafen müssen“, bevor wir bereit sind, wichtige Entscheidungen endgültig zu treffen.

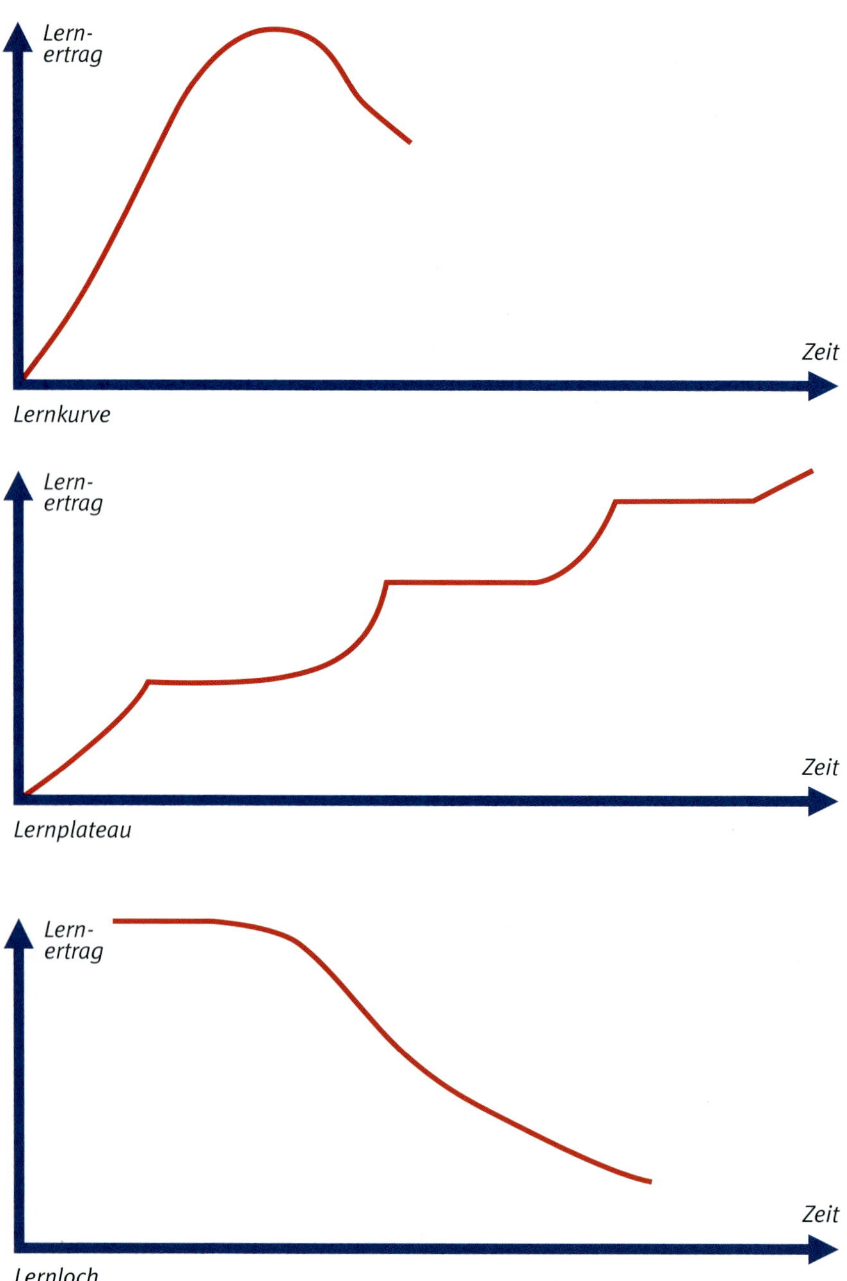
Lern-
ertrag
Zeit
Lernkurve
Lern-
ertrag
Zeit
Lernplateau
Lern-
ertrag
Zeit
Lernloch

RETTUNGSHUNDE-SPEZIAL

Im Rettungshundebereich ist es bei der Flächen- und Trümmersuche üblich, dass jeder Hund pro Übungsbetrieb ein- bis zweimal an die Reihe kommt. Pro Durchgang gibt es für jeden Hund etwa zwei bis drei Anzeigen, das heißt Gelegenheiten, sich eine Belohnung zu verdienen. Natürlich wäre es dem Training förderlicher, mehr Ausbildungsveranstaltungen als die üblichen ein- bis zweimal pro Woche zu organisieren und die Übungen dafür kürzer dauern zu lassen, aber da Rettungshundearbeit zumindest im deutschsprachigen Raum in aller Regel ehrenamtliche Tätigkeit ist, muss man die Ausbildung der Hunde eben an die Gegebenheiten anpassen, das heißt an die zur Verfügung stehende Zeit der Hundeführer und Ausbilder.

Wichtig ist aber auf jeden Fall, den aktuellen Ausbildungsstand jedes Hundes ständig zu überwachen und die Trainingsdauer an die jeweils erforderlichen Problemlösungen anzupassen. Bei einem Mantrailer muss man mehr Zeit für das Üben aufwenden, um ihn auf die Vielzahl der möglichen Situationen vorzubereiten, die bei einem Einsatz auf ihn zukommen können.

Ideal sind natürlich auch hier mehrere kurze Übungseinheiten pro Woche – wenn es die Umstände denn erlauben. Hat ein Hund Probleme bei der Anzeige, wenn er die Versteckpersonen nicht sieht bzw. nicht erreichen kann, wird man natürlich in erster Linie an der Anzeige arbeiten, ohne jedes Mal zuvor noch eine lange Suche vorzuschalten. (Zur Erhaltung der Motivation ist dies ab und zu trotzdem angebracht.) Möchte man in der Ausbildung eines Mantrailers an den Startsituationen arbeiten, sollte der eigentliche Trail nur relativ kurz sein und möglichst keine weiteren Schwierigkeiten enthalten.

Grundsätzlich sollte man immer darauf achten, dass die Ausbildung sowohl für den Hund als auch für den Hundeführer abwechslungsreich und spannend bleibt. Eine gute Ausbildung zeichnet sich dadurch aus, was und wie viel das Team in dieser Einheit dazu gelernt hat, und nicht unbedingt dadurch, dass der Hund möglichst viel und lange suchen durfte.

Wie lange das Training für Hunde dauern sollte bzw. wann es Zeit ist für eine Pause, ist natürlich individuell ganz verschieden. Die Entscheidung hängt ab vom Alter des Hundes und von seiner genetischen Disposition. Von einem Hund, der von seiner Veranlagung her eher kooperativ mit Menschen ist wie ein Hütehund wird man im Training mehr verlangen können als von einem Herdenschutzhund oder einem Hund des nordischen Typs.
Des Weiteren hängt die **Trainingsausdauer** eines Hundes natürlich von seinem Ausbildungsstand und auch von seiner individuellen „Lerngeschichte“ ab. Wie viel und welche Erfahrung mit unterschiedlichen Trainings hat dieser Hund in der Vergangenheit gemacht? Hat er das „Lernen gelernt“? Hat er die Zusammenarbeit mit dem Menschen als positiv und angenehm wahrgenommen? Hat er erfahren, dass Training nicht nur die speziellen Fähigkeiten, sondern auch das Selbstbewusstsein steigert?

Die Dauer des Trainings richtet sich auch ein wenig nach der Art der Aufgabe. Bei echten Denkaufgaben wie beim Formen neuer Verhaltensweisen genügen jeweils wenige Minuten pro Einheit. In einem fortgeschrittenen Stadium der Ausbildung kann eine „Sitzung“ durchaus auch einmal 10 bis 15 Minuten dauern – natürlich mit Zwischenbestätigung. In der Hundeschule dauern Gruppenstunden üblicherweise zwischen 45 und 60 Minuten. Hier sollte man dem Hund (und sich selbst) zwischendurch immer wieder kleine Pausen gönnen, indem man beispielsweise das Gelände verlässt, um einen kurzen Spaziergang zu machen. Während dieser Unterbrechungen darf der Hund seinen eigenen Interessen nachgehen, wie schnüffeln, rennen, sich im Gras wälzen oder Ähnliches.

Manche Trainer schieben auch immer wieder Spielphasen in ihre Unterrichtsstunden ein, in denen die Hunde abgeleint werden und sich frei auf dem Gelände bewegen können. Da die soziale Interaktion mit den Artgenossen vor allem für junge Hunde allerdings ebenfalls eine (geistige) Anstrengung darstellt, dürfen diese Spielphasen nicht als Trainingspause gewertet werden! Selten sind Trainingsgruppen von ihrer Zusammenstellung her so ausgeglichen, dass das Spiel wirklich allen Hunden nur Spaß macht. Vielmehr ist es so, dass für einzelne Hunde durch das wilde Herumrennen zusätzlicher Stress entsteht, der ihnen das Lernen eher erschwert als vereinfacht. Dessen sollte man sich als Trainer bzw. als Teilnehmer an solch einer Gruppe unbedingt bewusst sein und die Situation entsprechend gestalten.

Wie oft soll man trainieren?

In der Hundeschule ist es üblich, dass einmal pro Woche eine Gruppenstunde stattfindet und die Teilnehmer aber auch Hausaufgaben bekommen. Es empfiehlt

RETTUNGSHUNDE-SPEZIAL

Im Rettungshundetraining sollte das Auto, in dem sich der Hund zwischen den Einheiten aufhalten soll, etwas abseits geparkt sein und idealerweise mit dem Heck in einer ruhigen Umgebung, zum Beispiel vor einer Wand oder Ähnlichem, stehen. Der Hund muss Gelegenheit haben, sich völlig zu entspannen. Er sollte separat von anderen Hunden, deren Nähe ihm Stress bereitet, oder auch von Artgenossen, die zum Bellen neigen, untergebracht werden.

Zusätzlich kann man das Auto abdecken, dem Hund ein Kauspielzeug anbieten und ihm ein konditioniertes Signal für „Pause" beibringen, welches ihm signalisiert: Du bist jetzt gerade nicht dran, ruh' dich aus.

sich, wann und wo immer möglich, etwa zwei- bis dreimal am Tag kurze Übungseinheiten (eventuell nur einige Minuten lang) durchzuführen. Der Lerneffekt ist bei dieser Vorgehensweise am größten und gerade bei einem jungen und noch nicht so lernerfahrenen Hund ist weniger mehr.

Wie lange sollten die Pausen zwischen den Einheiten sein?
Während einer Trainingspause muss der Hund auf jeden Fall Gelegenheit haben, ganz zur Ruhe zu kommen und wirklich abzuschalten. Sinnvoll erscheint daher eine Pause von mindestens 30 Minuten, besser sind wohl einige Stunden, in denen der Hund unbedingt Gelegenheit zum Schlafen haben muss. Wie wichtig der Schlaf insgesamt ist, haben wir oben gesehen.

Lernen ist kein linearer Prozess und Hunde wie Menschen sind Lebewesen. Die Umweltbedingungen wie die Umgebung, die Ablenkung, die Person des Trainers usw. wirken sich unmittelbar auf den Lernprozess aus. Und genauso wie wir Menschen haben auch Hunde das Recht, mal einen schlechten Tag zu haben, einen Fehler zu machen, sich nicht recht konzentrieren zu können oder sich auch einfach mal nicht gut zu fühlen. Ihre Aufgabe als Trainer – und als solchen dürfen Sie sich getrost betrachten, wenn Sie nach der Lektüre dieses Buches die Ausbildung Ihres Hundes beginnen oder fortsetzen – ist es, dies zu erkennen und Rücksicht auf die Bedürfnisse Ihres Hundes zu nehmen.

Das Training sollte einem realen Einsatz so ähnlich wie möglich sein, damit der Hund auf den Ernstfall vorbereitet ist.

Vom spielerischen Training zum Ernstfall

In diesem Kapitel geht es ausschließlich um Rettungshunde. Natürlich kann es auch für Besitzer und Trainer von Nicht-Rettungshunden interessant sein, aber an dieser Stelle soll der Tatsache Rechnung getragen werden, dass es beim **Einsatz** eines Rettungshundes oft tatsächlich um Leben und Tod geht. Die Trainingsregeln, die Sie in den letzten Kapiteln kennengelernt haben, gelten natürlich für die Ausbildung des Rettungshundes ebenso. Denn auch Rettungshunde sind letzten Endes nur Hunde.

Im Training wissen alle Beteiligten, dass es ein Spiel und kein Ernstfall ist. Beispielsweise verhalten sich ausgebrachte **Versteckpersonen** oft besonders „hundegerecht", um es dem Hund vor allem anfangs möglichst leicht zu machen. Sie vermeiden direkten Sichtkontakt zum unsicheren Hund. Ihre Körperhaltung signalisiert je nach Hund und Situation „Komm ruhig näher" oder auch „Halte Abstand". In aller Regel haben die Versteckpersonen die Belohnung bei sich – und der Hund weiß das natürlich. Im Zweifelsfall hilft ihm ein rasches Abschnüffeln der Personen vor der Anzeige. Die Belohnung wird dem Hund genau nach der Anweisung des Ausbilders präsentiert, um das Training möglichst optimal zu gestalten.

Auch der **Hundeführer** verhält sich während der Ausbildung so, dass es seinem vierbeinigen Partner möglichst leicht fällt, zum Erfolg zu kommen, beispielsweise durch eine bestimmte Art der Bewegung im Suchgebiet (eher große oder eher kleine Schläge, Ansatz möglichst gegen den Wind usw.). Er schickt den Hund je nach Ausbildungsziel mehr oder weniger absichtlich in eine bestimmte Richtung. Ist die Versteckperson in der Nähe und der Hundeführer hat das gesehen, haben viele Hundeführer sich angewöhnt, sich in einer bestimmten Art und Weise zu verhalten, zum Beispiel wiederholen viele das Signal „Such und Hilf" – was dem Hund natürlich spätestens jetzt zeigt, dass es hier etwas Interessantes gibt. Es gibt sogar Hunde, die auf dieses Signal quasi zu warten scheinen.

Der **Ausbilder** hat seine Aufgabe sehr gut erledigt und hat die Verstecke in Anzahl und Schwierigkeit genau richtig gewählt, um dem Hund ein Erfolgserlebnis zu ermöglichen. Er hat sowohl die Versteckpersonen als auch den Hundeführer genau in die Situation eingewiesen, sodass möglichst nichts schief gehen kann.

Auch der **Hund** kennt die Trainingssituation nach jahrelanger Erfahrung ganz genau. Je nachdem, in welchem Gebiet die Übung stattfindet, weiß er beispielsweise, in welchen Ecken und Winkeln hier vorzugsweise die Personen versteckt sind – und an welchen Stellen man getrost vorbeirennen kann, ohne wirklich suchen zu müssen. Außerdem kennt der Hund die Versteckpersonen in aller Regel und damit auch ihre Besonderheiten in Bezug auf Geruch, Verhalten usw.

Mit all diesen genannten Umständen senden wir dem Hund ständig **Signale**, die ihm sicher versprechen: Wenn du dich in dieser Situation genauso verhältst, wie es dir antrainiert wurde (nämlich zur Versteckperson laufen und diese anzeigen), dann bekommst du auf jeden Fall deine Belohnung. Im Realeinsatz gibt es diese Signale nicht. Tausend Kleinigkeiten teilen dem Hund mit, dass dies hier anders ist als sonst: Man steht mitten in der Nacht auf, fährt im Dienstfahrzeug in ein völlig fremdes Gebiet, der Hundeführer trägt seine volle Einsatzkleidung inklusive des Helms, bestimmte Personen wie zum Beispiel der Einsatzleiter sind anwesend, es treten charakteristische Hörsignale auf wie die Sirene des Einsatzfahrzeugs oder das Knacken der Funkgeräte. Auch der Hundeführer selbst ist „irgendwie anders“: Er empfindet Gefühle wie Nervosität oder Ungeduld, die er im normalen Übungsbetrieb nicht ausstrahlt, und auch das merkt der Hund natürlich.

Wie also schaffen wir die Umstellung von Training auf Realeinsatz? Zum einen muss man wissen, dass Hunde bis zu einem gewissen Grad in der Lage sind zu verallgemeinern (generalisieren). Das bedeutet, dass sicher antrainierte Verhaltensweisen auch unter leicht veränderten Umständen abrufbar sind. Bei solider Ausbildung haben wir eine recht gute Wahrscheinlichkeit, dass der Hund auch im realen Einsatz genauso (oder zumindest fast so) suchen und anzeigen wird wie im Training. Trotzdem heißt es auch und gerade in diesem Bereich: üben, üben, üben! Ganz realistisch werden wir eine Übungssuche nie gestalten können, aber zumindest im Rahmen der Möglichkeiten ist es die Aufgabe der Ausbilder, das Training möglichst echt wirken zu lassen.

Als erstes Beispiel wären hier die verschiedenen Situationen genannt, in denen sich eine real vermisste Person befinden kann, wenn der Rettungshund sie findet. Dies beginnt bei Personen verschiedensten Alters und verschiedenster Bevölkerungsgruppen, geht über Kleidung und Gegenstände, die die Person bei sich hat, bis hin zu den Verhaltensweisen, die solche Personen zeigen können. Hier ist die Fantasie des Ausbilders gefragt, die Hunde im Training Schritt für Schritt an diese Situationen heranzuführen und dafür zu sorgen, dass sie lernen, auch dann sicher anzuzeigen, wenn die Versteckperson mit einem Stock gegen einen Baum schlägt, den Hund anschreit, stark nach Alkohol riecht usw., um hier nur einige Beispiele zu nennen.
Eine sehr erfahrene Flächensuchhündin wurde zum Beispiel bei einer Übung durch zwei junge Mädchen, die sich im Gelände in einigen Metern Entfernung gegenüber saßen, völlig aus dem Konzept gebracht. Hier gibt es also noch Ent-

wicklungspotenzial! Auch sollte in der Ausbildung beispielsweise darauf geachtet werden, dass die Versteckpersonen die Belohnung für den Hund nicht immer bei sich haben. Gar nicht so wenige Hunde nehmen die Anwesenheit der Belohnung bei der Versteckperson tatsächlich als **diskriminativen Reiz**, das heißt als Signal für ihr Anzeigeverhalten. Fehlt dieser Reiz, lösen die Hunde das Verbellen bzw. die Verhaltenskette für den Rückverweis nicht aus.

Einsatzübungen

Zu einer wirklich umfassenden Ausbildung gehören beispielsweise auch Einsatzübungen – möglichst für die Hundeführer ungeplant und damit unerwartet. „Alte Hasen“ unter den Rettungshundlern merken zwar in der Regel relativ schnell nach einer solchen Alarmierung, dass da irgendetwas nicht stimmt, aber man kann den Bedingungen einer realen Suche so trotzdem recht nahe kommen.
Eine andere Möglichkeit sind auch die sogenannten möglichen Leersuchen. Dies bedeutet – genau wie im normalen Flächensucheinsatz –, der Hundeführer weiß nicht, ob sich überhaupt eine Versteckperson (oder mehrere) in dem abzusuchenden Gebiet befindet. Nachdem viele Teams oft über Jahre hinweg immer auf die zwei Versteckpersonen pro Gebiet „eingefahren“ sind, die die Prüfungsordnung vorschreibt, erhöht so eine neue Aufgabenstellung die Schwierigkeit doch ganz erheblich.
Außerdem kann man dem Hundeführer im Übungsbetrieb auch prima Zusatzaufgaben stellen. Beispielsweise kann man ihn vor, während oder nach der Suche auffordern, seinen Standort und seine Marschzahl per Karte, Kompass und gegebenenfalls GPS zu bestimmen.
Auch eine Versteckperson, bei der beim Auffinden zunächst einmal Erste Hilfe geleistet werden muss (natürlich hoffentlich nur übungshalber), erhöht die Schwierigkeit bzw. die Realitätsnähe. Auch sollte der Hundeführer gelegentlich aufgefordert werden, sich vor Beginn der Suche eine Einsatz- bzw. Suchtaktik zu überlegen und diese bekanntzugeben.

Trotz all dieser Maßnahmen wird ein Hund mit etwas Erfahrung natürlich trotzdem immer wissen, ob es sich bei einer Suche um Training, eine Prüfung oder einen echten Einsatz handelt. Und daher sollte der Hundeführer auch im Einsatz immer darauf gefasst sein, dass sich sein Hund im Zweifelsfall doch eben etwas anders verhält, als man es im Training geübt hat. Bei lebenden Personen ist dies bei gut trainierten Hunden in der Regel kein Problem. Sie werden meist normal anzeigen, und zwar auch dann, wenn die echte Auffindesituation anders ist, als wie sie es im Training bereits geübt haben.

Das Auffinden einer verstorbenen Person stellt allerdings für praktisch alle Hunde eine völlig neue Situation dar, die sie so bisher nicht kennengelernt haben. Leichensuche lässt sich mit Rettungshunden zumindest hierzulande aus juristischen und ethischen Gründen nicht realistisch trainieren. Auch in einer solchen Realsituation merkt der Hund natürlich, dass mit der Person etwas nicht in Ordnung ist, und wird in den meisten Fällen auch nicht normal anzeigen.
Die Frage, wie der Hund reagieren wird, lässt sich allerdings nicht pauschal beantworten. Manche Hunde bellen gar nicht, andere quietschen nur verhalten. Viele Hunde (Verbeller und Rückverweiser) laufen, offenbar verunsichert, zu ihrer Bezugsperson zurück. Jedenfalls berichten fast alle Hundeführer, die schon einmal in so einer Situation waren, dass der Hund „irgendwie komisch" gewesen sei. Hier ist es, besonders bei Nachtsuchen, die Aufgabe des Hundeführers, seinen Hund genau zu beobachten und lieber einmal zu viel selbst nachzusehen, als eine vermisste Person zu überlaufen.

Der Sonderfall Mantrailing

Das **Mantrailing** stellt auch in diesem Bereich einen Sonderfall dar. Hier kann man das Training so organisieren, dass der Hundeführer über den Spurverlauf Bescheid weiß. Er hat so die Möglichkeit, dem Hund an schwierigen Stellen notfalls zu helfen und ihn so zum Erfolg zu bringen. Die Leine stellt in diesem Fall eine direkte Verbindung zwischen Hund und Hundeführer dar. Daher muss man sich darüber klar sein, dass die Beeinflussung des Hundes durch den Hundeführer ganz enorm sein kann!
Manches Mal stellt sich erst bei gezielten Überprüfungen heraus, dass der Hund eigentlich gar nicht trailt, sondern einfach nur solange geradeaus läuft, bis der Hundeführer (ob aus eigenem Wissen oder auf Anweisung des Ausbilders) das Tempo verlangsamt. Dies ist für den Hund das **Signal**, dass gleich eine Richtungsänderung kommt bzw. dass er eine Abzweigung verpasst hat. Kehrt der Hund daraufhin um bzw. schlägt die richtige Richtung ein, wird die Leine wieder locker oder länger und der Hund läuft einfach weiter geradeaus bis zur nächsten Abzweigung.
Hier zeigt sich wieder einmal, dass Hunde Meister im Beobachten kleinster Veränderungen sind. Viele Hunde nehmen die Körperhaltung oder auch nur die Blickrichtung ihres Hundeführers oder sogar die der Begleitperson genau wahr und leiten daraus ab, in welche Richtung der Trail denn nun weiter geht. Hierbei wird ganz deutlich, dass Hunde, die von Natur aus eher eine enge Führerbezogenheit haben, bei dieser Art der Ausbildung im Nachteil sein können. Hütehundrassen beispielsweise sind speziell dafür gezüchtet, auf kleinste Körpersig-

Damit der Hund im Ernstfall auch seine Fähigkeiten voll einsetzen kann, sollte das Training – wie hier beim Mantrailing – immer wieder unter verschiedenen Bedingungen stattfinden.

nale ihres Menschen zu reagieren, und sie werden diese Fähigkeit beim Trailen natürlich auch einsetzen.
Dies gilt ganz besonders, wenn sie bereits eine Ausbildung in einer anderen Sparte durchlaufen haben, in der es auf enge Zusammenarbeit mit dem Menschen ankommt, sei es Agility, Obedience oder auch die Trümmerarbeit. Auf jeden Fall ist es wichtig, beim Mantrailing eine Ausbildungsmethode zu verwenden, die dem Hund viel Selbstvertrauen gibt – eben im Sinne des **Empowerment** (siehe Seite 40ff.). Dann wird der Hund in seiner Sucharbeit sicher genug sein, dem Hundeführer genau anzuzeigen, wo der Trail ist und wo nicht, und dann klappt es auch mit dem viel zitierten: *„Vertrau deinem Hund!“*

Es gibt Gründe, die dafür sprechen, dass der Hundeführer beim Mantrailing den Spurverlauf kennen sollte. Ein unerfahrener Hundeführer kann beispielsweise so das Verhalten seines Hundes (der sich oft instinktiv richtig verhält) besser beurteilen. Wenn man weiß, wo die Spur liegt, sieht man seinen Hund oft mit ganz anderen Augen und kann so ganz gezielt auf bestimmte Körpersignale achten, wie das Heben des Kopfes, das Lockerwerden der Leine, das Pendeln von einer Straßenseite zur anderen usw.
So kann der Hundeführer sehr gut lernen: Wie sieht mein Hund aus, wenn er sicher auf der Spur ist? Was tut er, wenn er unsicher ist? Wie zeigt er mir an, dass er die Spur verloren hat? Ideal ist es übrigens in diesem Fall, wenn der Hundeführer „laut denkt“, das heißt seiner Begleitperson sagt, was ihm der Hund gerade zeigt. So kann man das Verhalten des Hundes im Nachhinein noch besser beurteilen und der Lerneffekt ist größer.
Ein weiterer Punkt, der dafür spricht, bekannte Trails zu laufen, ist die Vielfalt der Umgebungsbedingungen, die dem unerfahrenen Hund begegnen können. Dies sind zum einen verschiedene Untergründe (Wald, Wiese, Asphalt usw.), aber auch die mehr oder weniger große Belebung der Umgebung. Fahren im Übungsgebiet viele Autos, gibt es viele Hunde und Katzen (zum Beispiel in einem reinen Wohngebiet), sind Menschen zu Fuß unterwegs, gibt es Lärmquellen usw. Auch witterungsbedingte Unwägbarkeiten wie starker Wind oder Regen müssen in den Lernprozess mit einbezogen werden. Dann gibt es geruchliche Ablenkungen, denen der Hund ausgesetzt ist. Zu nennen wären hier die typischen „Hundemeilen“, das heißt Wege, an denen besonders viele Hunde Gassi geführt werden und natürlich ihre Düfte hinterlassen, aber auch eine Fußgängerzone mit Bäckereien und Imbissbuden, ein Schulhof oder ein Picknickplatz, wo sehr oft Essensreste herumliegen.
Auch an verschiedene Geruchsartikel muss der Hund gewöhnt werden, ebenso wie an verschieden alte Spuren der gesuchten Person, die sich im Gebiet befinden. Hier muss der Hund unbedingt darauf trainiert werden, immer die frischeste

herauszusuchen, denn sonst besteht im Einsatz die Gefahr, dass der Hund eben irgendeine Spur der Person verfolgt, die sich im Gebiet befindet. Dadurch gehen im Einsatz oft wertvolle Ressourcen wie Zeit und Energie verloren.

Ein gut aufgebautes Training plant alle diese Schwierigkeiten schrittweise mit ein und hält Strategien bereit, die dem Hund bei deren Bewältigung helfen. Ein Wissen des Hundeführers um den Trailverlauf kann hier nützlich sein, damit er den Hund im richtigen Moment bestärken kann, zum Beispiel durch ein verbales Lob, wenn der Hund sich an einer Kreuzung für die richtige Richtung entscheidet oder wenn er einen bellenden Artgenossen hinter dem Zaun ignoriert.

Natürlich gibt es auch Gründe, die dafür sprechen können, das Team „blind" laufen zu lassen, dass der Hundeführer den Spurverlauf also nicht kennt. Wie bereits oben erwähnt, macht die unbewusste Beeinflussung des Hundes diesen rasch abhängig vom Hundeführer und in der Regel kommt man erst hinter solche Verhaltenskreise, wenn diese schon sehr eingefahren sind, das heißt, je länger man es so praktiziert, desto schwieriger wird es am Ende für alle Beteiligten, da wieder herauszukommen. Und dann hat nicht nur der Hund ein Problem, sondern auch der Hundeführer.

Die Frage, ob der Hundeführer im Training den Trailverlauf kennen sollte oder nicht, wird in Fachkreisen durchaus kontrovers diskutiert.
Man muss sich auf jeden Fall bewusst sein, dass ein Nicht-Wissen des Hundeführers dazu führt, dass er keine wirkliche Kontrolle über die Situation hat – er hat in dieser Situation kein **Empowerment**. Die Unsicherheit des Hundeführers kann sich eventuell auf den Hund übertragen. Und vor allem stellt das Nicht-Wissen ein neues **Kriterium** im lerntheoretischen Sinne dar. Wird diese Schwierigkeit erstmals mit in das Training aufgenommen, müssen die anderen Anforderungen natürlich zuerst zurückgeschraubt werden: Länge der Trails, Alter, Umgebung, Qualität der Geruchsartikel usw.

Hier kommt der Aufgabe des Ausbilders besondere Bedeutung zu. In gewisser Weise hat die Person, die den Trailverlauf kennt, eine Machtposition gegenüber dem Hundeführer: Ich weiß wo der Trail ist, aber ich sage es dir nicht – oder positiv formuliert: Ich traue dir zu, dass du das allein kannst. Der Ausbilder muss hier noch sensibler auf die jeweilige Situation reagieren als in der Flächen- und Trümmerarbeit und sich so weit wie möglich zurücknehmen. Der Aufbau muss im Vorfeld noch sorgfältiger erfolgen, die Lernschritte müssen noch kleiner gehalten werden und das bereits Erreichte muss noch mehr gefestigt werden, bevor man einen weiteren Lernschritt hinzufügt.

Zu beachten ist hier insbesondere, dass jede neue Schwierigkeit aus lerntheoretischer Sicht ein neues **Kriterium** darstellt, das extra geübt werden muss – und dass man, wie im entsprechenden Kapitel bereits besprochen, die anderen Kriterien dann natürlich etwas zurückschrauben muss. Möchte man also mit einem Hund, der bisher nur auf gewachsenem Wald- und Wiesenboden getrailt hat, erstmals auf befestigtem Untergrund arbeiten, wird man eine Umgebung suchen, in der möglichst nur dieses Kriterium „Untergrund" verändert wird und alles andere möglichst gleich bleibt. Hier bietet sich zum Beispiel ein ruhig gelegener Wanderparkplatz an. Von dort aus kann man dann die Ablenkung allmählich steigern wie auf Feldwegen am Ortsrand und sich dann schrittweise in belebtere Umgebung „vorarbeiten". Natürlich müssen die Trails, die diese neuen Lernschritte beinhalten, von der Distanz her kurz gehalten werden und dürfen keine weiteren Schwierigkeiten wie zum Beispiel komplizierte Verstecke beinhalten. Das sind weitere Kriterien, die wir erst schrittweise hinzufügen dürfen!

Als Mantrailing-Team hat man in der Regel eine weitere Person ohne Hund bei sich. Sei es zum Absichern im Straßenverkehr, zur Beantwortung von neugierigen Fragen von Passanten oder zur Warnung des Hundeführers vor Gefahren. Diese Person nennt man **Begleitperson**, Helfer, Flanker oder auch Backup. Manchmal wird diese Aufgabe auch vom Ausbilder selbst wahrgenommen. Ergibt sich aus der Situation, dass die Begleitperson den Trailverlauf kennt, sollte diese Person sich bei der Suche so weit wie möglich zurücknehmen, um das Team nicht zu beeinflussen. Ein räumlicher Abstand zum Such-Team ist hier durchaus hilfreich – und zwar idealerweise so weit, dass der Hundeführer die Begleitperson weder sehen noch hören kann.

Es gibt nicht wenige Hundeführer, die ihre Begleitperson besser lesen können als ihren Hund – auch wenn die allermeisten diesen Hinweis entrüstet von sich weisen würden. Auf jeden Fall muss verhindert werden, dass Hundeführer und Hund sich in irgendeiner Weise an der Begleitperson orientieren können. Im Zweifelsfall kann sich die wissende Person etliche Meter weit zurückfallen lassen. Die Verständigung zum Hundeteam kann über Funkgeräte mit Headset erfolgen. Die Hilfe, die das Hundeteam durch die Anwesenheit der wissenden Begleitperson erfährt, kann schrittweise abgebaut werden, indem diese zunächst die volle Strecke bis zum Ende mitläuft und dies dann immer weiter reduziert. Beim nächsten Mal lässt sich die Person bereits nach 80 Prozent der Strecke zurückfallen und das Hundeteam bewältigt den Rest allein usw.

Eine andere Möglichkeit besteht darin, zwischendurch immer wieder einmal (relativ einfache) Trails zu laufen, die der Hundeführer nicht kennt. In den nächsten Trainingssitzungen kann man sich dann wieder den anderen Kriterien widmen. Insgesamt sollte der Hundeführer aber so frühzeitig wie möglich lernen, „auf eigenen Beinen zu stehen". Besonders Hundeführer, die sich ihrer Sache nicht so sicher sind, geraten sonst sehr schnell in Abhängigkeit von ihrer wissenden Begleitperson und man hat dann besonders im Hinblick auf Prüfungen und Einsätze irgendwann ein großes Problem.

Auch bei **Prüfungen** laufen ja immer Personen mit, die über den Trailverlauf Bescheid wissen. Die erste echte **Doppelblind-Situation** taucht dann tatsächlich im Einsatz auf. (Unter Doppelblind-Situation sei hier verstanden, dass niemand außer der Versteckperson selbst weiß, wo sie ist. Und manchmal hat man im Einsatz die Situation, dass die Person selbst das auch nicht weiß.)
Die Tatsache, dass auch nach relativ strengen Kriterien geprüfte Teams in vielen Realeinsätzen doch immer wieder versagen, wirft die Frage auf, ob Prüfungs-Trails nicht auch doppelblind gelaufen werden sollten. Dabei müssten allerdings die Prüfungsanforderungen insgesamt bzw. die Kriterien für das Bestehen verändert werden. Das Auffinden der Versteckperson sollte nicht unbedingt Voraussetzung für das Bestehen der Prüfung sein – schließlich kommt dies im Einsatz auch nur höchst selten vor. Ideal wäre eine Gesamtüberprüfung des Teams über mehrere Tage hinweg, und zwar mit verschiedenen Aufgabenstellungen, um sich ein möglichst vollständiges Bild über den Leistungsstand des Teams zu verschaffen. Man könnte auch Einsatztaktik abfragen, ebenso wie die Beurteilung der Lage durch den Hundeführer. Dazu könnte übrigens durchaus auch einmal die Entscheidung eines Hundeführers gehören, ob er in dieser speziellen gestellten Situation seinen Hund zur Suche ansetzt oder eben auch nicht.
Das allgemeine Suchverhalten des Hundes könnte in verschiedensten Situationen getestet werden, ebenso wie die im Einsatz gängigen Schwierigkeiten wie ältere Spuren der Person im Gebiet, Geruchsartikel von schlechter Qualität, ein tatsächlicher Doppelblind-Trail usw. Dies ist allerdings sehr aufwändig und die Frage, wer eine solche Überprüfung organisiert (und finanziert!), kann an dieser Stelle nicht beantwortet werden.

Das Zernagen von Gegenständen kann dem Stressabbau dienen, ist aber eine der häufigsten unerwünschten Verhaltensweisen.

Unerwünschtes Verhalten

Modernes Tiertraining verfährt nach dem Prinzip des **fehlerfreien Lernens**. Ein **Fehler** ist per definitionem ein Merkmal, das die vorgegebenen Anforderungen nicht erfüllt. Fehlerfreies Training bedeutet im lerntheoretischen Sinne, dass es Fehler per se so nicht gibt. Es gibt nur Verhaltensweisen, die dem **gewünschten** Verhalten mehr oder eben weniger nahe kommen. Das Ziel des Trainings besteht darin, das gewünschte Verhalten immer weiter zu bestärken, sodass es in Zukunft immer häufiger gezeigt werden wird.

Am anderen Ende der Skala steht das **unerwünschte** Verhalten, das wir (zumindest theoretisch) durch Strafe so weit unterdrücken können, dass es in Zukunft immer seltener bzw. gar nicht mehr gezeigt werden wird. Warum dies problematisch ist, wurde bereits behandelt (siehe Seite 35 ff.).

Auch wenn wir uns beim Training unbedingt auf die positiven Aspekte konzentrieren müssen, um diese immer weiter auszubauen (und das hat nichts mit Immer-nur-lieb-Sein zu tun), brauchen wir einen Modus für den Umgang mit unerwünschtem Verhalten. Grundsätzlich gilt bei der Ausbildung: „*You get the behaviour that you reinforce*" – du bekommst das Verhalten, das du verstärkst. Bei jedem unerwünschten Verhalten, das mehrmals auftritt, müssen wir also genau hinschauen, wodurch es bestätigt wird! Zum Teil genügt schon ein Blick des Besitzers in die Richtung des Hundes. Auch die Grundsätze über **Verhaltensketten** müssen bei dieser Betrachtung unbedingt berücksichtigt werden.

RETTUNGSHUNDE-SPEZIAL

Bei einem Verbeller, der bei der Anzeige die Versteckperson bedrängt, wirkt oft schon die kleinste Bewegung der Person als sekundärer Bestärker (denn der Griff zur Tasche kündigt ja absolut sicher das Auftauchen des primären Bestärkers an) und das Bedrängen wird somit in Zukunft immer schlimmer werden.

„Löschen“ von Verhaltensweisen

Wollen wir also ein Verhalten aus dem Repertoire des Hundes **„löschen“**, müssen wir vorher genau überlegen, was die **Bestärker** sind, das heißt, warum der Hund letzten Endes das Verhalten zeigt. Diese Bestärker müssen dann abgestellt bzw. verhindert werden.

Ein typisches Beispiel dafür ist das Thema Pflege. Viele (langhaarige) Hunde mögen es nicht besonders, gekämmt oder sonst irgendwie manipuliert zu werden. Dazu gehören auch die Reinigung der Ohren oder der Zähne sowie gegebenenfalls das Kürzen der Krallen. Beginnt der Hund nun, während der Prozedur zu zappeln, und lässt man ihn daraufhin los bzw. stellt das Kämmen ein, wird der Hund in seinem Zappeln bestätigt und es wird mit der Zeit immer problematischer werden, ihn zu pflegen.

Andererseits wird ein Hund, der nie ordentliche Leinenführigkeit gelernt hat, immer an der Leine ziehen, sobald man ihn insofern dafür bestärkt, dass er auch nur einen Zentimeter damit vorwärts kommt. Konsequentes Stehenbleiben ist hier angesagt, sobald sich die Leine strafft.

Ist man selbst als Hundeführer in das Training eingebunden, kann es unter Umständen schwierig sein, selbst herauszufinden, wo der eigentliche Knackpunkt liegt. Hier ist es enorm hilfreich, sich von einer anderen Person beobachten zu lassen oder auch eine Sequenz auf **Video** aufzuzeichnen, die man nachher in Ruhe ansehen kann. Sich selbst auf Film zu sehen, hilft einem als Trainer oft sehr viel weiter.

Beim „Löschen“ solcher Verhaltensweisen ist allerdings ein Phänomen zu beachten, das bei aller Regelgerechtigkeit meist am Anfang solcher Prozesse auftritt. Die Rede ist vom sogenannten **Löschungstrotz**. Er bewirkt, dass ein Verhalten,

RETTUNGSHUNDE-SPEZIAL

Bei unserem bereits angesprochenen Problem, nämlich dem Bedrängen der Versteckperson, muss jede noch so kleine Bestärkung unbedingt verhindert werden. Beginnt der Hund, die Person mit Nase und/oder Pfote zu berühren, sollte die Person völlig unbeteiligt aufstehen und einfach weggehen.

welches plötzlich nicht mehr bestärkt wird, in seiner Häufigkeit und Intensität zunächst stark zunimmt, bevor es endgültig „ausstirbt". Wir Menschen kennen dies von Kindern, die etwas erreichen wollen und die auf eine Absage hin ihre Bemühungen zuerst deutlich verstärken (zum Beispiel durch Bitten, Betteln oder auch Quengeln), bevor sie einsehen, dass es keinen Zweck hat. Als Trainer hilft da nur eins: Durch diese Phase muss man durch, die muss man aushalten. Nur bei konsequentem Nicht-Bestärken wird das Verhalten irgendwann völlig ausbleiben.

Aus diesen Überlegungen folgt: Man kann ein Verhalten nur kontrollieren, wenn man dessen Bestärker kontrollieren kann. Nun ist das aber mit manchen Dingen im Hundeleben gar nicht so einfach. Wir haben gesehen, dass manche Verhaltensweisen an sich schon **selbstbelohnend** sind, sodass der Hund sie auch ohne Bestärkung durch den Menschen immer weiter, häufiger und heftiger zeigen wird. Dazu gehören ganz elementare Dinge wie das bereits angesprochene Jagdverhalten, der große Bereich Fortpflanzung mit allem, was dazu gehört (wie Schnüffeln nach Markierungen von Artgenossen, selbst Markierungen setzen, Revierverteidigung usw.) oder auch das Thema Beruhigungsverhalten, das zum Stressabbau in Konfliktsituationen dient, wie das Annagen von Gegenständen, nervöses Bellen oder auch Herumrennen.
In allen diesen Bereichen wird man mit normalem Verhaltenstraining durch operante Konditionierung nicht weit kommen, da wir als Menschen die Bestärkungsmechanismen nicht kontrollieren und somit auch nicht unterbinden können.

Gegenkonditionieren

Hier können wir versuchen, zumindest ein Stück weit gezielt durch **klassische Konditionierung** einzuwirken. Das Auftauchen eines unangenehm besetzten Reizes (zum Beispiel eines fremden Hundes) wird mit etwas Angenehmem, zum Beispiel mit Futter, verknüpft. Hier ist allerdings unbedingt die richtige zeitliche Reihenfolge zu beachten. Nach dem Auftauchen des Hundes sollte etwa eine Sekunde vergehen, bevor das Futter präsentiert wird. Sonst besteht die Gefahr, dass die Verknüpfung umgekehrt erfolgt und der Hund das Auftauchen des Futters als **Signal** nimmt: Achtung, gleich kommt ein Hund, den ich bislang noch nicht gesehen habe. Gerade bei Hunden, die aus Unsicherheit auf fremde Hunde aggressiv reagieren (und das sind nicht wenige), kann dies die Problematik eher noch verstärken als abschwächen.
Das klassische **Gegenkonditionieren** wirkt übrigens am besten bei der Immerverknüpfung. Das bedeutet: Der unangenehm besetzte Reiz kündigt in 100 Prozent aller Fälle das Auftauchen des Futters an. Umgekehrt darf es dieses ganz be-

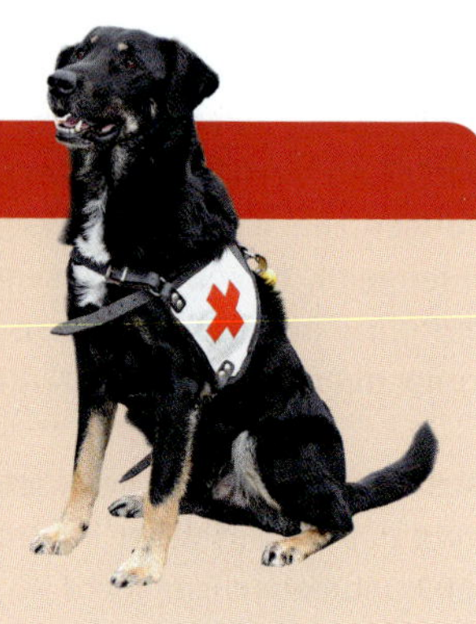

RETTUNGSHUNDE-SPEZIAL

Der Rettungshund soll bei der Verbellanzeige Abstand von der Versteckperson halten. Der Bringselverweiser soll nach dem Aufnehmen des Bringsels unverzüglich zum Hundeführer laufen. Der Flächensuchhund soll nach dem Ansetzen mindestens 20 Meter weit in den Wald hinein laufen.

sondere Futter immer nur dann geben, wenn der Hund zuvor den unangenehm besetzten Reiz tatsächlich wahrgenommen hat. Auf diese Weise kann man systematisch **desensibilisieren**, das heißt den unangenehmen Reiz in seiner Wirkung abschwächen. Gleichzeitig schafft man eine positive Grundstimmung, und diese wiederum bietet eine sehr gute Grundlage für das Weiterarbeiten mit **operanter Konditionierung**.

Hat man beispielsweise das Auftauchen eines fremden Hundes konsequent mit einem bestimmten Futter (zum Beispiel einer Leberwursttube) verknüpft, kann man nach einiger Zeit dazu übergehen, bestimmte erwünschte Verhaltensweisen des eigenen Hundes „einzufangen“ und positiv zu bestärken. Hier kommt ein weiterer wichtiger Punkt zum Tragen, der bei der Behandlung unerwünschter Verhaltensweisen unbedingt beachtet werden muss: Es genügt nicht, dem Hund zu sagen, was er nicht tun soll. Viel besser ist es, ihm zu zeigen, was er stattdessen tatsächlich tun soll! Wir nennen dies ein **Alternativverhalten**. Stellen wir uns wieder die zentrale Frage: Was soll der Hund tun? Welches Verhalten soll er zeigen? Und genau das üben wir dann.

Klingelt es an der Tür, soll der Hund auf seinen Platz gehen und dort bleiben. Sieht der Hund einen anderen Hund, soll er Blickkontakt zu seinem Besitzer aufnehmen. Diese Betrachtungsweise ist sehr konstruktiv und ermöglicht es dem Menschen, den Fokus vom Fehlverhalten seines Hundes weg zu lenken. Gerade bei Hunden, die im Alltag Verhaltensprobleme haben, kann dies für den Besitzer eine nicht zu unterschätzende emotionale Entlastung bedeuten.

Bei allem Verhaltensmanagement muss man sich allerdings als Mensch immer darüber im Klaren sein, dass viele Verhaltensweisen, die wir bei unseren Hunden als unerwünscht bezeichnen, im Grunde genommen mit inneren Konflikten des Hundes zu tun haben, ohne deren Lösung wirkliches Lernen (also eine dauerhafte Verhaltensänderung) nicht stattfinden kann. Haben wir also einen Hund mit Verhaltensproblemen, müssen wir unbedingt auch Ursachenforschung betreiben.

Hunde, die Gegenstände zerstören, müssen vielleicht einfach mehr beschäftigt werden, damit sie körperlich und geistig mehr ausgelastet sind. Eventuelle Stressfaktoren müssen verändert bzw. abgestellt werden. Als Sofortmaßnahme zum Schutz des teuren Teppichs kann man den Hund zum Beispiel in seine Box bringen, solange er nicht unter Aufsicht steht. (Den Aufenthalt in dieser Box hat man natürlich zuvor trainiert, sodass der Hund gern dorthin geht.) Zusätzlich wird man ihm erlaubte Gegenstände zum Kauen anbieten.

Bei Hunden, die aus Unsicherheit zum Raufen neigen, wird man die Anwesenheit anderer Hunde möglichst positiv verknüpfen. Dann wird man als Besitzer möglichst viel über hundliche Körpersprache lernen, um das Verhalten des eigenen Hundes (und das des Gegenübers) besser beurteilen zu können. So kann man gegebenenfalls eingreifen, bevor eine Situation eskaliert, und dem eigenen Hund gleichzeitig verdeutlichen: Ich habe die Lage im Griff und ich helfe dir, diese brenzlige Situation erfolgreich zu bewältigen.

RETTUNGSHUNDE-SPEZIAL

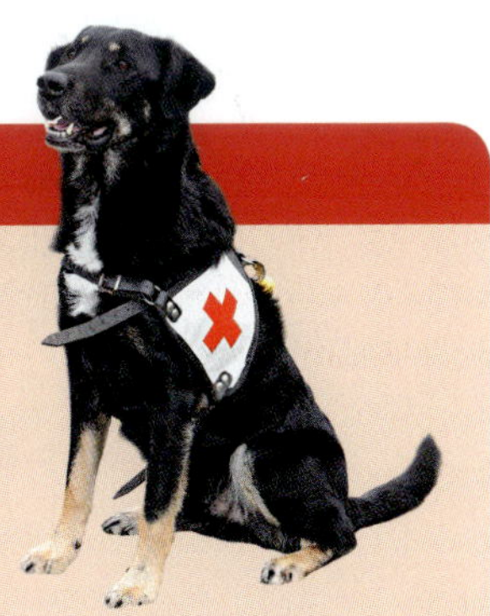

Typische unerwünschte Verhaltensweisen bei Rettungshunden sind Herumkläffen beim Hundeführer, Bedrängen, schlechtes Auslösen der Anzeige, Stöcke nagen, Herumschnüffeln, nervöses Pinkeln, „Kleben“ am Hundeführer, Jagen, Raufen mit anderen Hunden usw. Auch hier sieht man bei näherer Betrachtung sehr deutlich, dass die Grenze zum Konfliktverhalten bzw. zu Übersprunghandlungen teils fließend ist.

Ist der Hund aufmerksam und konzentriert, steht einem gut geplanten Training nichts mehr im Weg.

Trainingstipps

Auch wenn Sie nun schon viel über das Lernverhalten Ihres Hundes erfahren haben, gibt es dennoch eine Reihe praktischer Tipps, die das Training erleichtern und dazu beitragen, den gewünschten Erfolg zu erzielen. Sie sind im Folgenden kurz aufgeführt.

Eine gute Planung

Aus dem bisher Ausgeführten ergibt sich ganz klar der Grundsatz für erfolgreiches Training: eine gute Planung und eine ständige Beobachtung und nötigenfalls eine Anpassung des Trainings ist alles! Diese aufwändige Vor- und Nachbereitungsarbeit ist zwar etwas lästig, zahlt sich auf Dauer aber aus, denn Rückfälle durch unsauberes Training oder durch zu rasches Vorgehen können weitgehend vermieden werden. Unerwünschte Verhaltensweisen können wieder gelöscht werden, bevor sie sich verfestigen.

FALLBEISPIEL

Ein Bekannter von mir brachte einmal seinem schon etwas älteren Border-Collie-Mischling das Fußgehen ohne Leine bei. Der Hund hatte bereits etwas Trainingserfahrung und war in freudiger Erwartung. Bei den ersten „Gehversuchen" der neuen Übung bellte er vor Aufregung ein paar Mal. Mein Bekannter war ganz auf das neue Verhalten „Fuß" konzentriert und bestätigte den Hund ganz regelgerecht dafür. Allerdings hatte er nicht bedacht, dass er das Bellen dabei quasi automatisch mit eingebaut hatte, denn es war ihm selbst vor lauter Konzentration auf die neue Übung gar nicht aufgefallen. Wir hatten später alle Mühe, das Bellen im „Fuß" bei diesem Hund wieder abzutrainieren.

Vor dem Training sollte man sich also genau überlegen, woran man arbeiten will:

- Wie soll das Verhalten aussehen?
- Was ist das Kriterium, an dem gearbeitet werden soll? (Schnelligkeit des Hundes, Distanz, Zeitdauer, eine bestimmte Ausführung durch den Hund ...)
- Welche Ausführungen sollen belohnt werden und welche nicht?
- Sind die Umweltbedingungen ausreichend berücksichtigt?
- Was tun, wenn es nicht klappt?

Nach dem Training müssen die Vorüberlegungen nochmals revidiert werden:

- Wurde das Kriterium erfüllt?
- Wenn nein, warum nicht?
  - Was machen wir jetzt, das heißt, wie verändern wir das Training beim nächsten Mal?
- Wenn ja, wie geht es jetzt weiter?
  - Derzeitigen Stand festigen
  - Generalisieren, das heißt dasselbe Verhalten in anderen Situationen üben
  - Einen Schritt weiter gehen, also das Kriterium erhöhen
  - Einen Schritt zurück gehen, also das Kriterium herabsetzen
  - Umweltbedingungen verändern

RETTUNGSHUNDE-SPEZIAL

Übersprunghandlungen bei der Versteckperson sind hier ein typisches Beispiel. Vielerorts wird bei der Ausbildung der jungen Hunde zu schnell zu viel verlangt. Später rächt sich dieses Überhasten, wenn man merkt, dass die Hunde sich bei der Versteckperson offenbar nicht recht wohlfühlen und Übersprungverhalten zeigen, wie am Boden herumschnüffeln, im Bogen um die Person herumlaufen, Stöcke beißen oder auch scharren oder aufreiten. Hier ist es die Aufgabe der Versteckperson, später ganz genau zu berichten, was der Hund getan hat. Sollte der Hund tatsächlich Anzeigen von Unsicherheit zeigen, muss sofort eingegriffen und das Training verändert werden. Sonst werden sich diese Verhaltensweisen weiter verfestigen (denn sie wirken durch ihre stressabbauende Wirkung ja bestärkend auf den Hund) und irgendwann hat man dann einen Hund, der entweder die Versteckperson meidet oder nur noch schlecht und unsauber anzeigt.

Je nachdem, was man üben möchte und wofür, ist eine solch detaillierte Aufstellung vielleicht nicht immer nötig. Auf jeden Fall sollte man sich seine Überlegungen und seine Betrachtungen aber aufschreiben.

Es gibt mittlerweile für verschiedene Hundesportarten und auch für den Dienst- und Rettungshundebereich vorgefertigte Trainingstagebücher, die man dann nur noch auszufüllen braucht. Ansonsten erfüllt eine einfache Tabelle im Computer oder aber das gute alte Notizbuch denselben Zweck.

Das Trainingstagebuch

Ein Trainingstagebuch ist außer für die Nachverfolgung des aktuellen Stands sehr sinnvoll für einen zeitlichen Überblick. Hier kann man nachsehen, ob und wie sich das Verhalten über mehrere Trainingseinheiten verändert hat, das heißt, ob ein Fortschritt sichtbar ist oder nicht. Es steht dort schwarz auf weiß, wie lange ein bestimmtes Verhalten schon stabil gezeigt wird und wann es Zeit ist, einen Schritt weiterzugehen, indem man beispielsweise die Ablenkung etwas erhöht. Bei Problemen in der Ausbildung sieht man dort auf einen Blick, ob das unerwünschte Verhalten früher schon einmal aufgetreten ist, und wenn ja, unter welchen Umständen.
Hundeführer, die glauben, sie könnten sich all dieses merken, unterliegen in der Regel einem Irrtum, der im Zweifelsfall zu Lasten des Trainings geht – zumal man ja manchmal auch mehrere Hunde gleichzeitig zu trainieren hat oder das menschliche Gehirn ganz einfach mit anderen Dingen des Alltags überfrachtet ist. Und zu guter Letzt kann das Trainingstagebuch auch als Nachweis für den Ausbildungsstand des Hundes dienen. In manchen US-Staaten muss das Trainingstagebuch sogar zwingend vorgelegt werden, wenn der Hundeführer als Zeuge vor Gericht aussagen soll. Er muss in der Lage sein nachzuweisen, dass sein Hund in den fraglichen Bereichen ausgebildet wurde. Nur so ist die Aussage des Hundeführers, der das Verhalten des Hundes interpretiert, gerichtlich verwertbar. Je ausführlicher diese Dokumentation vorliegt, desto belastbarer ist dieser Teil der Beweisführung.

Wer sollte das Trainingstagebuch führen?

Auch hier gibt es verschiedene Möglichkeiten. Tut es der Ausbilder selbst, hat er in der Regel damit noch mehr Arbeit als ohnehin schon. Andererseits gibt es ihm jederzeit einen sehr guten Überblick über den Ausbildungsstand jedes einzelnen Hundes bzw. Teams. Und wird einmal ein Wechsel der Ausbildungsperson erforderlich, kann das Tagebuch einfach von einem zum anderen weitergegeben werden, sodass ein neuer oder anderer Ausbilder nahtlos dort anschließen kann, wo sein Vorgänger aufgehört hat.

Auch der Hundeführer selbst kann diese Aufgabe übernehmen. Anfangs benötigt er dafür eventuell etwas Anleitung, dies kann ihm aber erleichtert werden, wenn man beispielsweise einen Vordruck oder eine Tabelle bereitstellt, die er nur noch ausfüllen muss. Besonders bei unerfahrenen Hundeführern ist allerdings die nötige Objektivität nicht immer gegeben, da sie oft nicht wissen, worauf es im Training wirklich ankommt, und natürlich möchte jeder Hundeführer, dass sein Hund im Training Erfolg hat. Andererseits bringt die Übernahme dieser Aufgabe dem Hundeführer das bereits angesprochene **Empowerment**, da er nun aktiv an der Ausbildung seines eigenen Hundes beteiligt ist und nicht mehr nur bloßer „Dienstleistungsnehmer“. Die Mitarbeit des Hundeführers an der Ausbildung wird so wertgeschätzt und das Verhältnis zwischen Hundeführer und Ausbilder wird sich langfristig verbessern.

Videoanalyse

Eine Videokamera ist ein hervorragendes Hilfsmittel, um die Ausbildung zu dokumentieren. Gerade bei der Aufarbeitung von unklaren Situationen lässt sich hier das Trainingsgeschehen noch einmal in aller Ruhe und vor allem ganz objektiv betrachten. Will man zum Beispiel sehen, ob ein Hund in bestimmten Situationen unmerklich unsicher reagiert, kann man den Film auch in Zeitlupe abspielen, um die hundliche Körpersprache ganz genau beobachten und beurteilen zu können. Zwar stellt es einen erheblichen Aufwand dar, alle Videos zu speichern und nachzubearbeiten. Aber eine gute Möglichkeit ist es beispielsweise, eine Kamera im Training immer mitlaufen zu lassen. Ist alles gut gelaufen und gibt es keine Fragen (mehr), kann man die Aufzeichnung sofort danach wieder löschen und hat die Speicherkarte somit wieder frei für neue Trainings.

Die Prüfung

Der **Wettkampf** bzw. die **Prüfung** mit Hunden stellt immer eine besondere Situation dar. Auf alle anderen Prüfungen, die wir Menschen sonst kennen, können wir uns mit bestimmten Techniken vorbereiten. Wir können mit Leuten sprechen, die diese Prüfung früher bereits absolviert haben, und manchmal gibt es vorgegebene Fragenkataloge, die wir durcharbeiten können. Und mit etwas Erfahrung können wir selbst ganz gut abschätzen, ob wir ausreichend vorbereitet sind.
In der Zusammenarbeit mit Hunden ist dies alles ein wenig anders, denn Hunde sind bekanntlich Lebewesen und keine programmierbaren Maschinen. Sie haben ihr eigenes Seelenleben und ihre eigenen Gefühle. Wir können einen Hund durch gezieltes und sorgfältiges Training zwar auf eine Prüfungssituation vorbereiten, aber eine gewisse Unwägbarkeit bleibt doch immer.

Wann ist man prüfungsreif?

Woher weiß ich als Hundeführer nun, ob mein Hund und ich prüfungsreif sind? Ein guter Maßstab ist es sicherlich, wenn man im Training eine gewisse Anzahl fehlerfreier Durchläufe ohne Hilfe absolviert hat – und zwar auch dann, wenn

der Hundeführer unter Stress steht. Wie man diese Situation herbeiführt, steht im entsprechenden Kapitel. Dann ist es hilfreich, sich Strategien zurechtzulegen: Was mache ich, wenn ...?
Als Hundeführer muss man darauf gefasst sein, dass der Hund sich (aus bereits erläuterten Gründen) nicht ganz genauso verhält wie im Training. Man kann sich für diese Fälle ein Notfallprogramm zusammenstellen, das zum Beispiel zwischendurch einige ganz einfache Übungen enthält, die der Hund absolut sicher beherrscht. Diese kann man dann abrufen (und nach erfolgreicher Ausführung natürlich bestärken) und hat so die Möglichkeit, die stressige Prüfungssituation ein wenig aufzulockern. Außerdem schafft es eine positive Grundstimmung und hilft so, die nächste Aufgabe in Angriff zu nehmen.

Was man auf jeden Fall vermeiden sollte, ist das typisch menschliche Denken, vor der Prüfung noch besonders viel zu trainieren. Denn je mehr man ein Verhalten trainiert, das eigentlich schon gut sitzt, desto größer ist die Wahrscheinlichkeit, dass Fehler (im Sinne von neuen Verhaltensvarianten, die der Hund anbietet) auftreten. Der Hund glaubt, das bisher Gezeigte sei noch nicht gut genug und er müsse etwas Neues ausprobieren.
Außerdem besteht beim **Übertrainieren** die Gefahr, dass sowohl Hund als auch Mensch einfach zu viel von der Aufgabe bekommen und des Ganzen dann überdrüssig werden. Manche Menschen neigen auch dazu, sich dann in die Prüfungsinhalte regelrecht zu „verbeißen“ und trainieren wie besessen an kleinen Details herum, die aber eigentlich schon ganz gut waren. So verdirbt man sich und dem Hund den Spaß an der Sache und das ist gerade vor einer Prüfung keine gute Arbeitsgrundlage.
Besser ist es, eine bis zwei Wochen vor der Prüfung überhaupt nicht mehr zu trainieren – oder nur Dinge zu tun, die mit der Prüfung nichts zu tun haben. Was man bis dahin nicht gelernt hat, schafft man in dieser kurzen Zeit auch nicht mehr und wenn sich zu diesem Zeitpunkt tatsächlich noch echte Leistungslücken zeigen, ist es sowieso besser, die Prüfung zu verschieben, als halb vorbereitet anzutreten.
Wenn man in dieser Phase trotzdem mit dem Hund trainieren möchte, um ihn zum Beispiel auszulasten, sollte man andere Übungen machen, die sicher klappen und die den Hund bei Laune halten, ihn also motivieren. Eine tatsächlich komplette Pause von ein bis zwei Wochen vor der Prüfung schadet dem Hund aber keineswegs – im Gegenteil. *„Wehren stärkt das Begehren“*, sagt ein Sprichwort und die Erfahrung zeigt, dass Hunde, die – aus welchen Gründen auch immer – einige Zeit nicht gearbeitet haben, beim nächsten Mal mit umso mehr Eifer und Motivation wieder dabei sind. Und genau das ist es, was wir uns für die Prüfungssituation wünschen.

Anhang

Register

Literatur

Bradshaw, John: **In defence of dogs.** Why dogs need our understanding. Penguin Books 2012.
Birkenbihl, Vera: **Stroh im Kopf?** Vom Gehirn-Besitzer zum Gehirn-Benutzer. mvg verlag 2013.
Blaschke-Berthold, Ute und Westedt, Heike: **Stress lass nach.** Der Einfluss von Stress und Angst auf Gehirn und Verhalten. Cumcane 2013.
Donaldson, Jean: **Hunde sind anders – das Praxisbuch.** Positive Bestärkung erfolgreich anwenden. Kosmos 2012.
Gansloßer, Udo und Krivy, Petra: **Verhaltensbiologie für Hundehalter.** Das Praxisbuch. Kosmos 2011.
Hallgren, Anders: **Einfach artgerecht.** Ethik und Verhaltensforschung als Basis für ein glückliches Hundeleben. Cadmos 2014.
Hallgren, Anders: **Stress, Angst und Aggression bei Hunden: Vorbeugen und Abbauen.** SitzPlatzFuss 2011.
Hense, Maria: **Der hyperaktive Hund.** Animal Learn 2010.
Horowitz, Alexandra: **Was denkt der Hund?** Wie er die Welt wahrnimmt – und uns. Springer Spektrum 2012.
Laurence, Kay: **Learning about Dogs, ab 2007.**
Moser, Claudia: **Vom Welpen zum Sporthund.** Welpentraining und -motivation mit Sinn und Verstand. Cadmos 2014.
O'Heare, James: **Die Neuropsychologie des Hundes.** Animal Learn 2009
Pryor, Karen: **Positiv bestärken – sanft erziehen.** Kosmos 2006.
Scheidegger, Gabrielle: **Gesunder Sport- und Diensthund.** Vom Welpen bis zum Senior. Kynos 2013.
Schneider, Dorothee: **Die Welt in seinem Kopf.** Über das Lernverhalten von Hunden. Animal Learn 2005.
Schneider, Dorothee: Seminar + Skript **„Spiegeln-Führen-Spiegeln"**, 2014.
Smith, Cheryl und Book, Mandy: **Quick Clicks.** 40 fast and fun behaviours to teach your dog with a clicker. Dogwise 2010.
Theby, Viviane: **Verstärker verstehen.** Über den Einsatz von Belohnungen im Hundetraining. Kynos 2012.
Ullrich, Ariane: **Impulskontrolle. Wie Hunde sich beherrschen lernen.** Mensch-Hund! 2011.
Wilde, Nicole: **Der ängstliche Hund.** Stress, Unsicherheiten und Angst wirkungsvoll begegnen Kynos 2009.
Winkler, Sabine: **So lernt mein Hund.** Der Schlüssel für die erfolgreiche Erziehung und Ausbildung, Kosmos 2013.

... tierisch gut!

Unser Verlagstipp!

KATRIN KOLBE
GABRIELE LEHARI
Rettungshundeausbildung
Nasenarbeit
€ (D) 19,95/(A) 20,60
ISBN 978-3-88627-854-1

ROBERT BOULANGER
GABRIELLA TRAUTMANN ZENONI
Mantrailing
Teamarbeit mit Nase und Versand
€ (D) 24,90/(A) 25,60
ISBN 978-3-88627-850-3

Oertel+Spörer Verlags-GmbH + Co. KG
Beutterstr. 10, 72764 Reutlingen
www.oertel-spoerer.de